U0724088

淡泊的人生快乐多

人生诱惑太多，你要学会淡泊

张 华 ◆ 著

廣東旅游出版社
GUANGDONG TRAVEL & TOURISM PRESS
悦读书·悦旅行·悦享人生
中国·广州

图书在版编目（CIP）数据

淡泊的人生快乐多 / 张华著. — 广州：广东旅游出版社，2014.8
（2024.8重印）

ISBN 978-7-80766-893-0

Ⅰ.①淡… Ⅱ.①张… Ⅲ.①人生哲学－通俗读物 Ⅳ.①B821-49

中国版本图书馆CIP数据核字（2014）第153641号

淡泊的人生快乐多

DAN BO DE REN SHENG KUAI LE DUO

出 版 人	刘志松
责任编辑	梅哲坤
责任技编	冼志良
责任校对	李瑞苑

广东旅游出版社出版发行

地　　址	广东省广州市荔湾区沙面北街71号首、二层
邮　　编	510130
电　　话	020-87347732（总编室）　020-87348887（销售热线）
投稿邮箱	2026542779@qq.com
印　　刷	三河市腾飞印务有限公司
	（地址：三河市黄土庄镇小石庄村）
开　　本	710毫米×1000毫米 1/16
印　　张	14
字　　数	200千
版　　次	2014年8月第1版
印　　次	2024年8月第2次印刷
定　　价	59.80元

本书若有倒装、缺页影响阅读，请与承印厂联系调换，联系电话 0316-3153358

前　言

　　这是一个光怪陆离的世界，这个世界里有许多你想象得到和想象不到的诱惑随时出现在你的生活中，于是，人的私欲就像一棵幼苗，被各种诱惑滋养着不断长大。欲望的膨胀让人的心灵变得狭隘，为了满足欲望，有的人不惜牺牲人格和道德，甚至不惜触犯法律，走入罪恶的深渊；也有的人因为想要的没得到，变得焦虑、烦躁、失落、彷徨。人们所有的迷惑和痛苦皆是因为欲望而来，如何能够让我们在这浮躁的世界里觅一片清凉，得一点自在，保持冷静，从容生活呢？唯有修一颗淡泊心，才是最好的选择。

　　什么是淡泊？词典中的解释是：不追求名利。仅此一句就能概括出淡泊的真义吗？事实上，不追求名利只是对它表面意义的诠释，淡泊的内涵是十分丰富的。

　　淡泊不是不追求，而是有原则、有方法地追求；不是不努力，而是怀一颗平常心，做一份尽心事；不是没情感，而是懂得如何处理情绪、释放情感。

　　淡泊是一种领悟，一种释怀；是踏踏实实做事，简简单单做人；是一种心怀的沉静，心胸的旷达。

　　淡泊是人生的一种境界，它源于心灵真正的皈依和透悟。

　　淡泊的人领悟了人生的真谛，知道活着就是老天最大的恩赐，健康就是财富，知道对人生要求越少，人生就会越快乐的道理。

　　淡泊的人，人生练达，对他人宽容，对生活不挑剔、不苛求、不怨恨，富不行无义，贫不起贪心。

　　淡泊的人能够在人生的节骨眼上举重若轻，拿得起，更能放得下。不因得到而狂喜，也不因失去而怅然。

　　淡泊的人充满智慧，该进则进，该退则退，不过分期待，也不过分哀愁。内心平静，思想纯净，能够在喧嚣的世间做好选择，充分体验人生的快乐。

或许有人会说，淡泊，说来容易，做起来却难，恐怕只有避世才可变得淡泊吧。的确，若想做到淡泊并非易事，但只要你愿意努力，参透淡泊的真意并非不可能。东晋陶渊明曾有诗云："结庐在人境，而无车马喧。问君何能尔？心远地自偏。"这是陶渊明心胸的坦荡和自然！陶渊明心志高洁，这首诗表达了他淡泊的心态，他并没有归隐山林，过着与世隔绝的生活，他选择了一条弃官不弃世的入世道路。人活在世上，是不能超脱现实，不受时空的限制的，但却并不是不能过一种"心灵之隐"的生活。心若"远"，即使身居闹市，亦不会为车马之喧哗、人事之烦琐所牵役。"大隐隐于市"，正是这个道理。

我们并不是要像陶渊明那样愤世嫉俗，也并不是非要弃官隐于世，只是要勤于修炼内心，时常清理内心的杂念，别好高骛远，别斤斤计较，别处处在意，别时时算计，在喧闹的尘世里执守一方清净，这样的处世态度，何愁缺少快乐，何愁找不到幸福！

本书就是教你修炼淡泊之心的心灵开悟秘籍。它告诉你面对名利的态度，它教给你解开烦愁的方法，它让你看清得失背后的转化，它让你获得爱的真知……总之，它所讲述的，就是让你淡泊处世、快乐生活的智慧。当你翻开本书，展现在你面前的，将是一个完全不同的人生境界。

目　录

目録

目錄

目錄

卷八
少些自私多行善，要有爱 / 185

目
錄

卷一
名利财富如云烟，要淡泊

  在物欲、名利横流的当今社会，大多数人为了追求名利财富，变得烦躁、焦虑甚至疯狂。过分的贪欲让内心失去平静，生活失去平和。实际上，名利财富生不带来，死不带去，它可能让你快乐，更可能让你痛苦。所以，对于名利，不是不可追求，而是不能过度贪婪，要学会淡泊。淡泊的目的不是守贫，而是静心。真正快乐的生活，就是白居易在《问秋光》一诗中所说的那样，"身心转恬泰，烟景弥淡泊"。

1.过分求虚名，美名往往变恶名

俗话说，"雁过留声，人过留名"，谁也不想默默无闻地活一辈子。自古以来胸怀大志者多把求名、求官、求利当作终生奋斗的三大目标。三者能有其一，对一般人来说已经终生无憾；若能尽遂人愿，更是幸运之至。然而，从辩证法的角度看，有取必有舍，有进必有退，就是说有一得必有一失，任何获取都需要付出代价。问题在于，付出的值不值得。为了公众事业，为了民族和国家的利益，为了家庭的和睦，为了自我人格的完善，付出多少都值；否则，付出越多越可悲。所以，从这个角度说，我们一定要淡对声名。在求取功名利禄的过程中，奉劝诸君少一点贪欲，多一点淡然，莫为名利遮望眼。

客观地说，求名并非坏事。一个人有名誉感就有了进取的动力；有名誉感的人同时也有羞耻感，不想玷污自己的名声。但是，什么事都不能过于追求，只要过分追求，又不能一时获取，求名心太切，就容易生邪念、走歪门，结果名誉没求来，反倒臭名远扬，遗臭万年。君子求善名，走善道，行善事；小人求虚名，弃君子之道，做小人勾当。古今中外，为求虚名不择手段，最终身败名裂的例子很多，确实发人深思。有的人已小有名气，还想名声大振，于是邪念膨胀，连原有的名气也遭人怀疑，更是可悲。

唐朝诗人宋之问，有一个外甥叫刘希夷，很有才华，是一个年轻有为的诗人。一日，希夷写了一首诗，名曰《代白头吟》，到宋之问家中请舅舅指点。当希夷诵到"古人无复洛阳东，今人还对落花风。年年岁岁花相似，岁岁年年人不同"时，宋情不自禁连连称好，忙问此诗可曾给他人看过，希夷告诉他刚刚写完，还不曾与人看。宋遂道："你这诗中'年年岁岁花相似，岁岁年年人不同'二句，着实令人喜爱，若他人不曾看过，让与我吧。"希夷言道："此二句乃我诗中之眼，若去之，全诗无味，万万不可。"

晚上，宋之问睡不着觉，翻来覆去只是念这两句诗。心中暗想，此诗一面世，便是千古绝唱，名扬天下，一定要想法据为己有。于是起了歹意，命手下人将希夷活活害死。后来，宋之问获罪，先被流放到钦州，后又被皇上勒令自杀，天下文人闻之无不称快。刘禹锡说："宋之问该死，这是天之报应。"

在中世纪的意大利，有一个叫塔尔达利亚的数学家，在国内的数学擂台赛上享有"不可战胜者"的盛誉，他经过自己的苦心钻研，找到了三次方程式的新解法。这时，有个叫卡尔丹诺的人找到了他，声称自己有千万项发明，只有三次方程式对他是不解之谜，并为此而痛苦不堪。善良的塔尔达利亚被哄骗了，把自己的新发现毫无保留地告诉了他。谁知，几天后，卡尔丹诺以自己的名义发表了一篇论文，阐述了三次方程式的新解法，将成果据为己有。他的做法虽然在相当一个时期里欺瞒住了人们，但真相终究还是大白于天下了。现在，卡尔丹诺的名字在数学史上已经成了"科学骗子"的代名词。

宋之问、卡尔丹诺等也并非无能之辈，在他们各自的领域里都是很有建树的人。就宋之问来说，纵不夺刘希夷之诗，也已然名扬天下。糟的是，人心不足，欲无止境！俗话说，钱迷心窍，岂不知名也能迷住心窍。一旦被迷住，就会使原来还有一些才华的"聪明人"变得糊里糊涂，使原来还很清高的文化人变得既不"清"也不"高"，做起连老百姓都不齿的肮脏事情，以致弄巧成拙，美名变成恶名。

求名并无过错，关键是不要死死盯住不放，盯花了眼，那样，必然要走上沽名钓誉、欺世盗名之路。

有时，既未沽，也未钓，更未盗，美名便戴到了自己的头顶，这又当如何呢？

我国著名的京剧演员关肃霜，有一天在报纸上看到一篇题为："关肃霜等九名演员义务赡养失子老人"的报道，同时收到了报社寄来的李尔重写的《赞关肃霜等九同志义行之歌》的诗稿校样。这使她深感不安。原来，京剧演员于春海去世后，母亲和继父生活无靠，剧团的团支部书记何美珍提议大家捐款义务赡养老人，这一活动持续了23年，共捐款6000多元，关肃霜开始并不知晓，是后来知道并参加的。但报道却把她说成了倡导者，这就违背了事实。关肃霜看到报道后，立即给报社复信，请求公开澄清事实。李尔重也尊重关肃霜的意见，将诗题改成《赞云南省京剧院施沛、何美珍等26位同志》。

二次世界大战期间，美军与日军在依洛吉岛展开了激战，最后日军打败，美军把胜利的旗帜插在了岛上的主峰，心情激动的陆战队员们，在欢呼声中把那面胜利的旗帜撕成碎片分给大家，以作终生的纪念。这是一个十分有意义的场面，后赶来的记者打算把它拍照记录下来，就找来六名战士重新演出这一幕。其中有一个战士叫海斯，是一个在战斗中表现极为一般的人，可是由于这张照片的作用，使他成了英雄，在国内得到一个又一个的荣誉，他的形象也开始印在邮票、香皂等上面，家乡还为他塑了雕像。这时他的内心是极为矛盾的：一方面陶醉在赞扬声中，一方面又怕真相被揭露；同时，由于自己名不符实，又总是处在一种内疚、自愧之中。在这样的心理状态下，他每天只好用酒来麻醉自己，终于，在一天夜里，他穿好军装，悄悄地离开了对他充满赞歌的人世。

同样是得到了飞来之美名，关肃霜和海斯的态度不同，结局也各异。还是东坡先生说得好："苟非吾之所有，虽一毫而莫取。"美名美则美矣，只是对于那些还有一点正义感，有一点良知的人，面对不该属于他们的美名，受之可以，坦然却未必办得到！得到的是美名，得到的也是一座沉重的大山，一条捆缚自己的锁链，早晚会被压垮，压得喘不上气来。像关肃霜，就活得真实、活得轻松、活得自在、活得安然。

如果真有人对此能坦然受之，那这个人的品质也就算恶得可以了！

我们提倡忍名舍誉，是说无论是在人人切齿的恶名前，还是在不属于自己的美名前，都要止住脚步，忍住诱惑。这样做一是为了保持自己人格的清白，不使自己的灵魂被污染；二是为了免遭世人的白眼，留下终身骂名。为人当学关肃霜，但留清白在人间！

感悟淡泊：

求名并无过错，关键是不要死死盯住过错不放，盯花了眼，那样，必然要走上沽名钓誉、欺世盗名之路。

2.人之所以痛苦，原因在于追求错误的东西

我们是否会经常问自己这样一个问题：我们到底在追求什么？

很可能你的第一想法便是——钱、房、车。这种想法有问题吗？其实，生活在这个时代，想想这些太正常了。只是，静下心来想一想，我们追求的仅仅就是这些吗？是不是应该思考如何活得更自在呢？

喧闹打破了夜晚的宁静，新的一天就这样到来。大街上不管是老是少，每个人的脚步都是那么匆匆。是什么让我们这样忙碌？是什么让我们在人生路上不停徘徊？我们的人生到底在追求什么？

这个问题有很多答案。有人说为了钱，有人说为了吃好、穿好、玩好，也有人说为了幸福。那么，幸福是什么？

我们凭着自己的执着追求、奋力拼搏，我们靠勤勉和智慧跻身于或沉浮于商海。多少艰辛多少累，几番沉浮几多挫折，已不必细数。有多少时间尽情地享受生活的乐趣？是否品味出了生活原有的醇厚和快乐？又经历过多少次烦恼和痛苦？

有人说，活着是一种幸福；有人说，活着是一种痛苦。其实，有些痛苦可以避免，有些幸福可以求得。人生，最重要的是生命，最希求的是幸福，最不希望得到的是痛苦，但必须品尝的也是痛苦。在生命的长河里，痛苦原本不是我们应该回避的东西，我们要做的是去认识为什么痛苦，为什么有烦恼。有了痛苦就承受着，根本不弄清楚痛苦源于什么，这是多数

人的悲哀。

佛陀说："人之所以痛苦，在于追求错误的东西。"这就是答案。我们认为金钱可以代表地位，但金钱带给我们的烦恼也很多；我们认为赌博可以带来快乐，但因为赌博自杀或家庭破裂的事时有耳闻；谈恋爱时卿卿我我很浪漫，但每天打开报纸看到情杀的案件一大堆。痛苦之酒大多是由人们自酿自斟自饮。

在生命的旅程中，每个人都只顾迈着急匆匆的脚步，去争得一方可供自己赖以生存的天地，很少有人停下来欣赏生命沿途的景致，也很少有人思考生命更深层的意义、沉淀心灵中的杂质、升华出心灵真正所需要的东西，以至于在盲目地拼搏奋斗之后，回过头来才发现自己忙碌半生的所得并非是我们心中的真正所需。生命中，我们究竟在追寻着什么？每个人都能找到答案，只是每个人的答案因自己心之所向而有所不同。

美国石油大王洛克菲勒出身贫寒，在他创业初期人们都夸他是个好青年。当黄金像贝斯比亚斯火山流出的岩浆一样流进他的金库时，他开始变得贪婪、冷酷。宾夕法尼亚州油田地带的公民深受其害，有的受害者做出他的木偶像，亲手将"他"处以绞首之刑，无数充满憎恶和诅咒的威胁信涌进他的办公室。

洛克菲勒53岁时，疾病缠身，人变得像个木乃伊，医师们向他宣告了一个可怕的事实：他必须在金钱、烦恼、生命三者之间选择其一。这时，他才开始醒悟到是贪婪的魔鬼控制了他的身心。他听从了医师的劝告，退休回家，开始学打高尔夫球，上剧院去看喜剧，还常常跟邻居闲聊。他经过一段时间的反省，开始考虑如何将庞大的财产捐给别人。

起初，这并不是一件容易的事，他捐给教会，教会不接受，说那是腐朽的金钱。他不顾这些，继续热衷慈善事业。他听说密歇根湖畔一家学校因资不抵债而被迫关闭，于是捐出数百万美元，促成了今日国际知名的芝加哥大学的诞生。洛克菲勒还创办了不少福利事业，帮助过很多黑人。从此以后，人们渐渐地理解了他，开始用另一种眼光看他。他造福社会的行为受到了人们的尊敬和爱戴，而这一切给他带去了用钱买不到的平静、快乐、健康和高寿，他53岁时濒临死亡，最终却以98岁高龄辞世。谁救了洛克菲勒？答案是金钱以及金钱背后的善心和社会职责。他因为追逐金钱而濒临死亡，又因为及时醒悟善用金钱而自救。

世人生活在红尘中，求名、求利、求婚姻……求的事太多了。房子嫌不够大，存款嫌太少，汽车嫌档次低，烦心事儿太多了。很多时候，为事业、为爱情、为家庭，我们不能不拼命去干活、去赚钱、去操劳，这种日子什么时候是个头啊？于是觉得生活像根鞭子，而自己却像只陀螺，一直旋转到形神俱疲。这时候，难免心生感慨。

你拼命追求的，不一定是正确的；你不去追求的，未必就是错误的。月赚一千，有一千的活法儿；月赚一万，就有一万的活法儿。赚钱少就少花，青菜稀饭依然能保持快乐的心情；赚钱多就多花，但就算是天天鱼翅龙虾，也不一定能快乐。你懂生活，就能在阴暗中感受到阳光，在雪野上读出暖意，在燥热中体悟清凉。你明白人生，就可以让寂寞绽放成鲜花，把郁闷变成力量，把平凡化作伟大。你的追求是正确的，你的幸福也可以是长久的。

感悟淡泊：

在生命的旅程中，每个人都只顾迈着急匆匆的脚步，去争得一方可供

自己生存的天地。很少有人停下来欣赏生命沿途的景致，也很少有人思考
生命更深层的意义、沉淀心灵中的杂质、升华出心灵真正所需要的东西，
以至于在盲目的拼搏奋斗之后，回过头来才发现自己忙碌半生的所得并非
是心中的真正所需。

淡

泊

3.是什么让你失去快乐，不再淡定

有个穷理发师，他非常快乐，似乎只有神仙才能这么快乐，他没有什么可以担心的。他是国王的理发师，经常给国王按摩，修剪国王的头发，整天服侍国王。

甚至国王都觉得嫉妒，就问他："你快乐的秘密是什么？你总是兴致勃勃的，好像不是在地上走，简直是在用翅膀飞。这到底有什么秘密？"

穷理发师说："我不知道。实际上，我以前从来没听说过'秘密'这个词。您说的是什么意思呢？我只是快乐，我赚我的面包，如此而已……然后我就休息。"

后来，国王问他的首相———一个学识非常渊博的人。

国王问首相："你肯定知道这个理发师的秘密。我是一个国王，我还没有这么快乐呢，可是这个穷人，一无所有，却总是这么快乐。"

首相说："那是因为他并未置身于那种恶性循环之中。"

国王问："什么恶性循环？"

首相笑了，说："您在这个循环里面，但是您不了解它。让我们做一件事情来证明这种恶性循环的存在吧。

晚上，他们把一个装有99块金币的袋子扔进理发师的家。

第二天，理发师掉进地狱里了。他忧心忡忡地来了。事实上，他整个晚上都没有睡，一遍又一遍地数着袋子里的钱———99块金币。他太兴奋了——当你兴奋的时候，你怎么能睡得着呢？心在跳，血在流，他的血压肯定很高，他肯定很兴奋，翻来覆去睡不着。他一再地起床，摸摸那些金币，再数一次……他从来没有数金币的经验，而99块又是一个麻烦——因为当你有99块的时候，一块金币是一个很难弄到的东西。他一天所挣的钱应付生活是足够了，但一块金币却也相当于他近一个月的收入。怎么弄到一块金币呢？他想了很多办法——一个穷人，对钱没有多少了解，他现在陷入困境了。他只能想到一件事情：他要断食一天，然后吃一天。这样，渐渐地，他就可以攒够一块金币，然后有100块金币就好了……

他头脑中有一个愚蠢的想法：99块必须变成100块。

他很忧郁。第二天他来了——他没有在天上飞，他深深地站在地上……不仅深深地站在地上，还有一副沉重的担子，一个石头一样的东西挂在他的脖子上。

国王问："你怎么了？你看起来很焦虑。"

他什么也不说，因为他不想谈论那个钱袋。他的情形每况愈下，他不能好好地按摩——他没有力气，他在断食。

于是国王说："你在干什么？你现在好像一点力气也没有，你看起来这么忧郁、苦闷。到底发生什么事了？"

终于有一天，他不得不告诉了国王真相，因为国王坚持说："你告诉我，我可以帮助你。你只要告诉我发生什么事了。"

他说："我陷入了一种恶性循环中，我现在是这种恶性循环的受害者。"

原本快乐的理发师，在金钱面前，因为缺少了一颗平常心，既拿不起又放不下，既输不得又赢不起。心境失去平静，生活失去平和，整个人就像老式座钟上的钟摆，永远不得安宁地在两极情绪间起落挣扎，品尝着绵绵无尽的焦虑与惶恐、无奈与苦涩、疲惫与怨怒、失落与惆怅，最终陷入了恶性循环当中。

感悟淡泊：

假如我们拥有的仅仅是满足我们生活的东西，我们就不必为多余的东西感到惶恐；假如我们每天能为满足了生活的需要而感到快乐，我们就不会因为感到缺失而痛苦。过多的金钱常常会破坏我们原本平静的生活，让我们不再安宁。

4.你能放弃多大的诱惑，就能得到多大的尊重

平和的心态是人们在生活中经过千锤百炼而达到的一种崇高的境界，一种高深的修养。具有平和心态的人，能够正确地看待人生，他们不会为权力、地位、金钱的诱惑而放弃人生的道德准则，他们的心境坦然而又平实。拥有平和心态的人，可以永远保持悠然恬静、健康从容的身心。

被西方誉为"美国国父"的乔治·华盛顿，就是一位心胸坦然、心态平和的人。

美国独立战争胜利后，华盛顿以他拒当国王的行动，维护了共和制，迈开了创建民主共和制国家的坚实的第一步。第二步，他主持制宪会议，制定出了具有丰富民主因素的《美国宪法》。1787年的《美国宪法》是世界上第一部成文宪法，是一部进步的、稳定的、受历代美国人民尊重的宪法。

1789年2月，华盛顿当选为总统。此时的华盛顿在给妻子的信中写道："你应当相信我，我以最庄严的方式向你保证，我没有去谋求这个职位，相反，我已经尽我所能竭力回避它，除了因为我不愿意与你和家人离别，更重要的是因为我自知能力不足，难以胜任此重任。我宁愿与你在家中享受一个月的天伦之乐，这比我在异乡待49年所能找到的欢乐要多得多。既然命中注定委任于我，我希望能够通过接受此任来实现某种崇高的目的……这个秋天我一定安然无恙地回到你的身边。我不会因为征战的艰

辛和危险而感到痛苦。你独自一个人在家里，我知道你会感到不安，这将使我忧心忡忡。正因为如此，我求你鼓足勇气，尽可能欢度时光。再也没有什么比你的亲笔信更加让我心满意足。"

两个多月后，他到临时首都纽约准备上任。这时却冒出一个上"尊号"问题。原来，参议院中的一些人提出，为了表示对华盛顿的尊敬和谢意，除了"总统"这一称号，还应再献上一个"尊号"。于是，"民选的君主陛下""民选陛下""最仁慈的殿下""合众国权利的保卫者""合众国总统殿下""美利坚合众国总统殿下"和"美利坚合众国权力的护国主"等"尊号"便被提出来了。有人还称，副总统、参议员和众议员也应有相应的"尊号"。一些已当选的虚荣心极重的官员，对此事异常热心，一时之间，闹得沸沸扬扬。华盛顿不赞成用"尊号"，对上"尊号"的人极为厌烦。他认为，无论给总统添加什么"尊号"，都会带来负面影响。直接的后果是引起拥护共和制的人们的怀疑和忧虑，使他们对总统和新政府失去好感。由于华盛顿的反对，加之众议院有不同的意见，最后参、众两院决定按《宪法》规定的正式称号，直呼华盛顿为"合众国总统"，不加其他任何"尊号"。这一称呼从此成为定式，沿用至今。

在华盛顿看来，由选举产生的各种官员都必须实行任期制，这是民主的一个重要体现。既然1787年《美国宪法》规定总统任期为四年，期满卸任，理所当然。华盛顿说："依我看，除非道德败坏、政治堕落已到不可救药的地步，否则总统延长任期的阴谋，绝无可能得逞。哪怕一时片刻，亦无可能——更不必说永久留任了。"作为第一任总统，华盛顿的任期应至1793年3月3日结束。他不仅做好了期满卸任的准备，而且提前宣布不谋求竞选连任总统。他之所以作出这种选择，固然与厌倦党派斗争、身体状况欠佳有关，但更重要的是他希望为"民选官员的更迭"树立一个榜样，为建立民主共和制的试验画上一个圆满的句号。他认为，如果一直到停止呼吸才由副总统继任，这不就是终身制了吗？那和君主政体又有什么区别呢？虽然由于各方面的拥护与要求，华盛顿又担任了一届总统，但在第二届任期结束前一年，他就明确表示绝不再连任。

1796年9月，他出人意料地在费城一家报纸上刊登告别演说词，向公众正式表达他的这一意愿。次年3月3日，在告别晚宴上，他"最后一次以公仆的身份为大家的健康干杯"。六天后，他带领家人踏上返回自己庄园的归程。

其实，《美国宪法》只规定了每届总统的任期，并未对总统连任规定任何限制。从华盛顿的情况看，他若想连任下去不会有什么问题，甚至思想激进、民主意识鲜明的杰弗逊也曾认为华盛顿可以成为终身总统。但为了更圆满地实践民主共和制，华盛顿以自己的行动排除了总统终身制，这就开创了总统任职以两届为限的先例。在美国历史上，只有富兰克林·罗斯福连任四届总统，但这是特殊时期的一个特例。而且第二次世界大战后，美国国会通过宪法第22条修正案，重新恢复华盛顿以实际行动立下的老规矩，明文规定："任何人不得被选任总统两届以上。"

华盛顿离职以后，将自己离职以来的感受以明快的笔调告诉了大西洋彼岸的拉法叶特："亲爱的侯爵，我终于成了波托马克河畔的一位普通的老百姓了，在我自己的葡萄架下乘荫纳凉，听不到军营的喧闹，也见不到公务的繁忙。我此刻正在享受着宁静而快乐的生活。而这种快乐是那些孜孜不倦地追逐功名的军人们，那些朝思暮想着图谋划策、不惜灭他国以谋私利的政客们，那些时时刻刻察言观色以博君王一笑的大臣们所无法理解的。我不仅仅辞去了所有的公务，而且内心也得到了彻底的解脱。"华盛顿退休之后安详平和地在乡间过着逍遥自在的田园生活，他做着自己爱做的事情，诸如农田实验、环境布置，甚至还提出并实施了美国西部开发的计划。在拥有大量私人时间的条件下，他能够最大限度地享受个人的心理空间。

权力、地位、财富，很少有人能够抵挡住它们的诱惑，而华盛顿不为所动，放弃了自己称帝，拒绝了许多手下向其献媚的冠冕堂皇的称呼，对于权力并不沉迷，这一系列的行为没有平和的心态是不可能做到的。正因如此，他得到了美国人深深的怀念和长久的尊敬。

当心态有了平和而又不失进取的弦音时，许多棘手问题便可迎刃而解。问题解决之后，还可以从容身退，将光环让给别人，把自在留给自己。

感悟淡泊：

权力、地位、财富，很少有人能够抵抗住它们的诱惑，然而，世上真正能够美名永存，世代受人敬仰的人，都是那些不为名利所动的人。可以说，你能放下多大的诱惑，你就能得到多大的尊重。

5.太多的人因为一念之贪失去好运

中国神话"八仙"之一的吕洞宾刚成仙的时候，很想找一个弟子传授仙术，而他收弟子最重要的一条标准就是不贪心。

他把自己变成一个卖汤圆的老人，在摊子上贴了一张纸，上写："汤圆一文钱一粒，两文钱吃到饱，欢迎品尝。"

从早到晚，许多人都闻风跑来吃汤圆，却没有一个是吃一文钱一粒的，全部都是两文钱吃到饱，这种便宜哪里找？

眼看天黑了，吕洞宾心想收徒无望了。

突然，有一个年轻的男子，付了一文钱，吃了一粒汤圆就走，吕洞宾大喜过望地追上去，问："年轻人，你为什么不两文钱吃到饱？"

男子面带无奈的神情说："我身上就剩一文钱了，谁不想吃到饱，笨蛋！"

吕洞宾怔在当场，长叹一声，纵身飞回天上，终身再也不收弟子了。

廉者常乐无求，贪者常忧不足，患起于多欲，福生于不贪；天下的事，占不得便宜，有了占便宜的贪心，便有占不到便宜的懊悔；年轻人的一念之贪，错失了好运，断送了前程，与其说天意，毋宁说自取。

小报上登了一则广告：汇款10元钱，你将得到赚1000元钱的方法。

一个日子艰难的人见此广告，格外惊喜，立刻按账号汇去了钱。几天后，他果然收到一封来信，上面的秘诀只有一句话：找100个像你这样的傻瓜。

"天下没有免费的午餐"，当没有诱惑在眼前时，这句话人人都懂，然而，"好事"临头，多少人又因此失去了判断力。

世上有太多的人因为一念之贪，失去好运，甚至失掉了原本拥有的美好。

很多人认为，好运气总是反复无常，其实并非如此。只是当你生出贪欲，想要利用好运气为你谋得更多利益之时，也就是它跟你翻脸之时。

感悟淡泊：

廉者常乐无求，贪者常忧不足，患起于多欲，福生于不贪；天下的事，占不得便宜，有了占便宜的贪心，便有占不到便宜的懊悔。

6.凡事要有度，对钱财的渴求也是如此

佛陀说：只有断掉各种贪欲，才能战胜一切痛苦。佛教的戒律是符合中道原则的。佛教要戒除贪欲，但并不是让人变得无情无欲，如同木石。据《历代法宝记》，武则天问诸大师是否有欲，智诜大师答曰：有欲。武则天大疑，道：既是高僧，缘何有欲。智诜大师道：生则有欲，不生则无欲。武则天叹服。

作为现实社会的有情众生，有欲是正常的，是有生命力的表现，并不是要禁绝人的所有欲望，只是要消除人的不合理的、过分的、有碍身心健康的欲望，从而完善人生，使人生更加幸福。远离无欲与贪欲两边，达到中道，成为一个充满活力的健康的人。

现代社会科学进步，经济繁荣，物质生活与精神生活的水平较过去大有提高，以往的奢望已成为今日的现实，在这种条件下，一味要求一双袜子"新三年，旧三年，缝缝补补又三年"的生活方式已经不合时宜。

只不过，凡事要有度，过犹不及。对钱财的渴求也是如此。

古时候有一位有智慧的僧人，有一次，正当教化回来的途中，在森林里遇到一队商人，他们到外乡从商路过此地。这时适逢傍晚，太阳已西下，商人们扎营在这儿过宿。那位出家人看到这些商人以及大小的车辆载着大量货物，并不关心，像是没有看见一样，只管在离商队营帐不远的地方徘徊踱步。

这时从森林的另一端来了很多山贼。他们打听到有商队经过，就想乘夜幕降临以后劫掠财物。但当他们靠近商营的时候，却发现有人在营外漫步。山贼怕商队有备，所以想等大家都睡熟才好动手，然而营外巡逻的那个人，通宵不入营休息。天已渐渐亮了，山贼因无机可乘，只得气愤地大骂而走。

正在营里睡觉的商人，忽然听到外面的动静，赶快跑出来看，只见一大队的山贼手执铁锤、木棍往山上跑去，营外唯有一位出家人站在那儿。商人惊恐地走上前去问道：

"大师，您见到山贼了吗？"

"是的，我早就看到了，他们昨晚就来了。"出家人回答说。

"大师，"商人又问道，"那么多的山贼，您怎么不怕？独自一个人，怎能敌得过他们呢？"

出家人一点也不紧张、不慌忙，他心平气和地说道："各位，见山贼而害怕的是有钱人。我是一个出家人，身无分文，我怕什么？山贼所要的是钱财宝贝，我既然没有一样值钱的东西，那么无论住在深山或茂林里，都不会起恐惧心。"

僧人的话使众商人很感动，认识到自己的愚昧无知，对不实在的金钱，大家肯舍命去取得，而对真实且自由自在的平安生活，大家反而视若无睹。由此，他们也决心跟着这位比丘出家修行。从此，他们体会到这个世间苦空的意义，把无常的钱财带在身边，实际上是一种拖累。

从前有个特别爱财的国王，一天，他跟神说："请教给我点金术，让我伸手所能摸到的都变成金子，我要使我的王宫到处都金碧辉煌。"

神说："好吧。"

于是第二天，国王刚一起床，他伸手摸到的衣服就变成了金子，他高兴得不得了。然后他吃早餐，伸手摸到的牛奶也变成了金子，摸到的面包也变成了金子，他这时觉得有点不舒服了，因为他吃不成早餐，得饿肚子了。他每天上午都要去王宫里的大花园散步，当他走进花园时，他看到一朵红玫瑰开放得非常娇艳，情不自禁地上前抚摸了一下，玫瑰立刻也变成了金子，他感到有点遗憾。

这一天里，他只要一伸手，所触摸的任何物品全部会变成金子，后来，他越来越恐惧，吓得不敢伸手了，他已经饿了一天了。到了晚上，他最喜欢的小女儿来拜见他，他拼命地喊着不让女儿过来，可是天真活泼的女儿仍然像往常一样径直跑到父亲身边伸出双臂来拥抱他，结果女儿变成了一尊金像。

这时国王大哭起来，他再也不想要这个点金术了，他跑到神那里，跟神祈求："神啊，请宽恕我吧，我再也不贪恋金子了，请把我心爱的女儿还给我吧！"

神说："那好吧，你去河里把你的手洗干净。"

国王马上到河边拼命地搓洗双手，然后赶快跑去拥抱女儿，女儿又变回了天真活泼的模样。

如果不是过分的贪婪，国王就不必有失去女儿的恐惧。所以看来，有钱未必真幸福，无钱未必不快乐。生活贵在平衡，每一个环节都很重要，不能偏废。如果过分贪婪，把握不住必要的尺度，就很容易受到伤害。

感悟淡泊：

作为现实社会的有情众生，有欲是正常的，是有生命力的表现，并不是要禁绝人的所有欲望，只是要消除人的不合理的、过分的、有碍身心健康的欲望，从而完善人生，使人生更加幸福。

7.功名利禄并非一个人全部的生存价值

在属于自己的生活氛围里，在完全属于自己支配的世界里，你不仅是唯一的思想者和决策者，也是唯一的执行者。

在现实生活中，名誉和地位常常被作为衡量一个人成功与否的标准，所以追求一定的名声、地位和荣誉，已成为一种极为普遍的现象。在很多人心目中，只有有了名誉和权力才算是实现了自身价值。

事实上，能使一个人满足的东西可以很多，也可以很少。人生天地之间，转瞬来去，就像是偶然登台、仓促下台的匆匆过客。人生既然如此短暂，活着就要珍惜人生，不要贪图权势。

我国著名人口学家马寅初先生就是一个淡泊名利、宠辱不惊的人。

当年，马老因"新人口论"遭遇无端的批判，并错误地被撤销北大校长职务。那天，他正在家里接受"隔离审查"，他的儿子从外面回来，说："爸，你被撤职了！"

他当时正在看一本书，就淡淡地答了一声："噢！"十几年后，马寅初先生又恢复了北大校长一职。他的儿子又从外面回来，告诉他："爸，你复原职了！"他当时也是在看一本书，也同样淡淡地答了一声："噢！"视荣辱为等闲，置得失为莞尔，这是什么？这就是持久的心理定力。这种定力，不是轻易就可具备的，它需要接受深刻的心灵修炼，既包括意志、信念的修炼，也包括品行、人格的修炼，甚至还包括心灵的磨难。磨难让人成熟，过去常说"穷人的孩子早当家"，就是这个道理。磨难让人更坚定信念，让人更珍惜幸福，所以磨难不是灾难，它在某种意义上说是人生最不可多得的财富。

历经磨难的心灵，才能宠辱不惊、得失自若。

意志、信念、品行、人格的修炼及心灵的磨难都需要一个持久的过程，这样，才能具备一定的定力。

这种定力是一种心态，同时也是一种方法，一种心灵调节的方法，一种坚持的方法。实际上，这种方法的核心就是胜不骄败不馁；它的哲学基础是"塞翁失马，焉知非福"；它的心理学基础是"所谓心理健康就是任何情况下都能保持稳定的平常之心"；它的数学基础就是"直线永远比曲线更直接便捷"；它的美学基础就是"对称与平衡可以产生一种极为轻松的心理反应"；它的宗教学基础就是"安详是禅的生命，是法的现量，是生命的源头活水"。

作为一种心灵调节的方法，这种定力主要表现为：

——一事成功，不会大喜过望，而是沉着冷静，神情自若；

——遭遇挫折之时，依然如故，坚定如初；

——环境改变，不惊不喜，心态平静；

——条件发生变化，能一如既往，继续坚持；

——合作对象有所变化不会产生不必要的情绪波动；

——失恋后要心态平稳，不能悲观厌世，要相信缘分，明白"天涯何处无芳草"的道理；

——突然遭遇险情，要临危不惧，万不可心惊胆战，要坚持求生，永不丧失希望。

总之，淡泊名利是事业成功、学业有成所不可忽视的法则。如果一味地争名夺利，不但不会使你流芳千古，甚至可能会让你身败名裂。

焦耳，这个名字我们都很熟悉。从1843年起，焦耳提出"机械能和热能相互转化，热只是一种形式"的新观点，这无疑促进了科学的进步。他前后用了近四十年的时间来测定热功当量，最后得到了热功当量值。

事实上，与焦耳同时代的迈尔是第一个发表能量转化和守恒定律的科学家。当迈尔等人不断地证明能量转化和守恒定律的正确性，终于使得这一定律被人们承认的时候，名利欲望的膨胀驱使焦耳向迈尔发起了攻击。焦耳发表文章批评说，迈尔对于热功当量的计算是没有完成的，迈尔只是预见了在热和功之间存在着一定的数值比例关系，但没有证明这一关系，首先证明这一关系的应该是焦耳。随着焦耳发起的这场争论的扩大化，一些不明真相的人也一哄而上，纷纷对迈尔进行了不负责任的错误指责。迈尔终于承受不住这一争论和批评带来的压力，特别是焦耳以自己测定热功当量的精确性来否定迈尔的科学发现时，使得迈尔陷入了有口难辩的痛苦境地。这时，迈尔的两个孩子也先后因故夭折，内外交困中的迈尔跳楼自杀未遂，后来得了精神病。

虽然当年的迈尔被逼进了疯人院，但今天人们仍然将他的名字与焦耳并列在能量转化和守恒定律奠基者的行列。焦耳为争夺名利而扼杀他人，则被人们世世代代所谴责。

每个人都有自己的活法，对个人而言，各有各的追求；对社会而言，各有各的贡献。一个快乐的人不一定是最有钱、最有权的，但一定是最聪明的，他的聪明就在于他懂得人生的真谛：花开不是为了花落，而是为了灿烂。可遗憾的是，在现代社会生活中，依然有许多人不但对功名利禄趋之若鹜，甚至把这些看成是一个人全部的生存价值。

不可否认，人生诸多烦恼和祸患多由贪恋权势引起。因此，追求名誉和权力的时候，更应该铭记的是"君子爱财、爱名、爱权"都得取之有道。

人生在世，人人都想活得更好。人们总是在各种可能的条件下，选择那种能为自己带来较多幸福或满足的活法。所以，除了追名求利外，人生还有另一种活法，那就是甘愿做个淡泊名利之人，粗茶淡饭，布衣短褐，以"冷眼"洞察社会，静观人生百态。这样，才能品味出生命的美好，享受到生活的快感。

有的人既不求升官，也不求发财，每天上班安分守己做好本职工作，下班按时回家，每个月领着不多不少还算说得过去的一份工资。晚上陪爱人在家里看看电视，周末带孩子逛逛公园，年轻的时候打打篮球，年纪大点练练太极拳，不生气，不上火，知足常乐，长命百岁。这样的人生可能看起来有些"平庸"，但其中的那份"闲适"给人带来的满足，也是那些整日奔波劳累、费心劳神地追求功名利禄之人所体会不到的。所以，国王会羡慕在路边晒太阳的农夫，因为农夫有着国王永远不会有的安全感，而要有农夫那样的安全感就不能有国王的权势。

功成名就从一定意义上来讲并不难，只要用勤奋和辛劳就可以换取。就一般情况而言，你多得一份功名利禄，就会少得一份轻松悠闲。而一切名利，都像过眼烟云，终究会逝去，人生最重要的，还是一个温馨的家和脚下一片坚实的土地。

旷世巨作《飘》的作者玛格丽特·米契尔说过："直到你失去了名誉以后，你才会知道这玩意儿有多累赘，才会知道真正的自由是什么。"盛名之下，是一颗活得很累的心，因为它只是在为别人而活着。我们常羡慕那些名人的风光，可我们是否了解他们的苦衷呢？

所以，学会以淡泊之心看待权力地位，不仅是免遭厄运和痛苦的良方，也是一种超然于世外的智慧。

感悟淡泊：

一个快乐的人不一定是最有钱、最有权的，但一定是最聪明的，他的聪明就在于他懂得人生的真谛：花开不是为了花落，而是为了灿烂。

淡

泊

8.做一个不计名利，甘于奉献的人

钱财乃身外之物，如果人人眼中只有金钱，心中只有名利，那么这个社会便缺少了有责任感、有奉献精神的人。社会若发展至此，将没有希望可言，一个失去奉献精神的社会，其子民也无法受人尊重，更无法获得发展。相反，若能将自己的能力奉献出来，利人在先，利己在后，这样的人必将受人敬仰，美名流传。

于成龙，山西永宁人，清顺治年间以副贡任广西罗城知县。罗城处在万山之中，县衙设在树丛中，于成龙"插棘为门"，虎白昼行庭中，"成龙累土为案，旁置爨釜一、盂一，召吏民从容问疾苦，皆感至诚，益乐就，争输田赋。初邻瑶岁率三四至，杀掠人畜，成龙严保伍，勒乡兵，将捣其巢。瑶惧自投，不敢复犯界，数遣子女问安。每春时，命两瑶舁竹舆，行田野中，见力耕者，辄呼与语，相劳苦。民率妇子罗拜，或坐树下与饮食，笑语欢如家人。奖勤扶惰，民大劝。"由于他"悉除诸禁"，"民益得尽力耕耘"，他"诚意恻恻感人"，民众也非常关心他。

到罗城不久，仆人或死或散，百姓见于成龙生活太苦，就凑钱给他说："知阿耶清苦，聊供盐米资。"他笑着谢绝说："我一人何须如许物？可持归易甘旨，奉汝父母，一如我受也。"一次人们听说他家里来了人，"罗人则大喜，又进金钱如初"。于成龙仍"笑谢曰：'此去吾家六千里，单人携货，适为累耳。'"百姓感动得哭了起来，他也掉下眼泪，但到底没有收下金钱。

于成龙在罗城七年，"招流亡，建学宫，创设救济院，县大治"，被总督荐为卓异，升迁为四川合州知州，离罗城时，百姓"遮道呼号，追送数百里"。

康熙初年，四川正值乱后，合州剩下的百姓才数百人，可是"供役繁重"。于成龙"请革宿弊"，"一仆一羸马自随，贷牛、种，招集流亡，旬月间得户千计"。后任黄州知府时，吴三桂煽动湖北数处叛乱，叛军号称十万，逼趋黄州，"时援军皆赴湖南，黄州吏民才数百"，有人建议退守麻城。于成龙说，黄州是七郡的咽喉之地，"弃之则荆、岳瓦解"，表示誓死不去。他采取先破贼首何士荣的战术，集中了五千名乡兵，分路御敌，率兵拼杀，"贼斗益急，火燎成龙须，或劝少避，公叱之曰：'今吾死日也！敢言退者斩！'"他曾"驰谕有能擒贼献者重赏，投诚者待以不死，胁从归者但闭门坐，家无军器，即从贼概不追问，藏兵仗者即良民亦诛死"。于是擒住了贼首何士荣，焚毁贼众名籍，瓦解了贼众，仅用了二十余天，"以乡民数千破贼数万，不费公家丝粟"，有力地支援了平叛战争。第二年秋天，黄州大饥，于成龙"发廪赈恤，全活数万人"，受到人民的爱戴。后他又任江防道员，旋升福建按察使，在赴按察使任时，"民遮送至九江，凡数万人，哭声与江湖相乱"，表达了人民对清官的无限依恋。

在按察使任上，他多为民众着想，协调任内的官民矛盾，被巡抚吴兴祚荐为"廉能第一"，任布政使。他力减民夫劳役，对"满兵掠浙东子女，役为奴者数万，为赎归之"。他要求征收赋税一定要按时按量进行，不增铢黍。他自己则节俭为怀，"署中薪米不给，至无衣可典，日或不再食。随征满汉大臣朝使者有时来过，经入卧内，或绕署周行几案间，蛛丝鼠迹、文卷书册外无长物。感叹曰：'于公清苦，天下一人而已！'"遇有海外进贡使者送给礼品，"悉屏之，或呈样香，一嗅即持去。贡使啮指作礼曰：'天朝有此清官，吾侪未闻见也。'"

后来于成龙迁直隶巡抚、两江总督。

于成龙病逝后，将军、都统暨寮吏入其寝室，"见周身布被，袍一袭，靴带各一。堂后瓦瓮米数斛，盐豉数盅而已"。市民闻之"罢市聚哭，家争绘像祀之"。江宁、苏州和黄州纷纷建立于成龙的祠堂。康熙因他"清操始终一辙，非寻常廉吏可比，破格优恤，以为廉吏劝"，加赠太子太保，谥清端。

于成龙一生清廉，处处为公，他对人慷慨付出，自己却十分清苦，他在任期间政绩卓著，却从来不向朝廷邀功请赏，他的情操为后人所敬仰。

感悟淡泊：

如果人人眼中只有金钱，心中只有名利，那么这个社会便缺少了有责任感、有奉献精神的人。社会若发展至此，将没有希望可言，一个失去奉献精神的社会，其子民也无法受人尊重，更无法获得发展。

9.没有欲求的人，才能保持清高的节操

懂得生活的人会知道，生活的道路是很宽阔的，人生的价值并不是全能用名和利来衡量的。因此，若想活得有滋有味，就应该在名利的砝码上减轻几分，看开名利，看淡名利，活出生活的本色来。我国东汉时期的严子陵就是那种不汲汲于名利，不戚戚于富贵之人。

严子陵与光武帝刘秀是老同学，但他却不攀附于这个老同学，而是继续过自己清贫的生活，对名利没有丝毫的向往，俨然一位雅士的风范。

严子陵有很高的名望。刘秀称帝后，告示天下，令人寻找严子陵。但是光有名字不好找，于是光武帝召集宫廷的一流画家，描绘出严子陵的容貌，直到画得形神毕肖后，便复制了许多份，颁发天下，让各地官吏负责寻找严子陵。但过了许久仍杳无音信，汉光武帝十分焦急。

有人冒充严子陵，刘秀召见后，一一否决。时间过了许久，严子陵仍然没有一点儿消息，刘秀忧心忡忡。

严子陵到底在哪里呢？

严子陵看到刘秀打得天下，知道定会封他做官，可他生来厌恶官场，不愿意享受朝廷俸禄。于是，他隐姓埋名，在齐县境内的富春山中过起了隐士的生活。一天到晚，垂钓于溪水之中，怡然自得。

有一天，一个农夫上山砍柴，又累又渴，便到河边喝水，看见一人独自坐在河边钓鱼。他越看越觉得这个钓鱼人面熟，回到镇上，看到集市

上张贴的画像，农夫才明白，山中的钓鱼人就是光武帝下重金寻找的严子陵。农夫顾不得一天的劳累，扔下柴火，飞一样地跑到衙门，把此事报告了县令，农夫也因此得到了一份奖赏。

齐县县令上书光武帝："有一个人，身披着羊皮大衣，在富春山溪水边钓鱼，很像严子陵。"

刘秀立即命官吏备好车马，装上优厚的俸禄，想把严子陵请出富春山，然而官车去了又回，均无多大收获。这天，官吏又一次来到富春山，严子陵说："你们认错人了，我只是普通打鱼人。"使者不管他怎么解释，硬是把他推进了官车，快马加鞭送他到了京城。严子陵住进了刘秀特意为他安排的房子，每日饭菜相当可口，数十名仆人为他效劳，然而对于这些他都不屑一顾。

侯霸与严子陵也是旧时好友。此时的侯霸已今非昔比，他接替伏湛做了汉朝的大司徒。侯霸听说严子陵已到皇宫，就让臣下侯子道给严子陵送去一封书信，表示对严子陵的问候。一见严子陵，侯子道恭恭敬敬地把信递了过去。此刻，严子陵正斜倚在床上，听到是大司徒侯霸派人送信，仍然面无喜色。接过信，大概一看，便放在了桌子上。侯子道以为严子陵因为侯霸没有亲自看望而不愉快，忙又说："大司徒本想亲自迎接您，因为公事繁忙，一刻也脱不开身，晚上，他一定抽空登门拜访，请严先生写个回信，也好让我有个交代。"

严子陵想了片刻，命仆人拿出笔墨，他说，让侯子道写。信中写道："君房（侯霸字君房）先生，你做了汉朝大司徒，这很好。如果你帮助君王为人民做了好事，大家都高兴，如果你只知道奉承君王，而不顾人民死活，那可千万要不得。"他说到这儿停了下来，侯子道请他再说些什么，严子陵没有吭声儿，侯子道讨了个没趣回到了侯霸那里。

侯霸听完侯子道的话，面有怒色，觉得严子陵不把他这个大司徒放在眼里，于是把严子陵的一番话报告了刘秀，谁知刘秀却说："我了解他，就这倔脾气。"

当天，刘秀去看望严子陵。皇帝亲自登门，这可是件大事儿，得远迎才对。可严子陵根本不理，依旧躺在床上养神。刘秀进来后，看到他这幅情景，并不恼火，走过去用手轻轻地拍了拍严子陵的肚子，亲切地说："老同学，你难道不念旧情，不帮我一把吗？"严子陵说："人各有志，你为什么一定要逼我做官呢？"刘秀听后长长地叹了口气，失望地走了。

有一晚，刘秀与严子陵叙旧。刘秀问："我比从前怎么样？"

"嗯，有点儿进步。"严子陵大模大样地回答道。

那晚，两人睡在一起，严子陵故意大声打呼噜，并把腿压在刘秀身上，刘秀毫不介意。第二天早上，太史惊慌地来汇报："皇上，昨晚微臣观察天象，发现有一客星冲犯帝星。"刘秀轻描淡写地说："没啥大不了，昨晚我和严子陵在一起。"

刘秀封严子陵为谏议大夫，他不肯上任，仍旧回到富春山中过他的隐士生活，种种地，钓钓鱼。富春山边有条富春江，江上有个台子，据说是当年严子陵钓鱼的地方，称为"严子陵钓台"。

后来，刘秀又召严子陵入宫，严子陵又拒绝了。

严子陵无意仕途，寄情于山水间，这种智慧就是一种低调做人的哲学，这也是一种人生的乐趣。事实上，他的无意仕途也是对自己最好的保护。像严子陵这样的贤士，必定对名利场上的险恶有着清醒的认识，与其为名利争来斗去，倒不如做山野村夫反而悠然自得。真正没有欲求的人，才可能保持清高的节操，才不会被旁人所左右，严子陵可谓是真正悟透生活的人。

感悟淡泊：

　　生活的道路是很宽阔的，人生的价值并不是全能用名和利来衡量的。若想活得有滋有味，就应该在名利的砝码上减轻几分，看开名利，看淡名利，活出生活的本色来。

淡

泊

10.得大自在，在于提得起放得下

人生的境界有高有低，境界高者像一面镜子，时刻自我观照，不断自省；又像一支蜡烛，燃烧自己，泽被四方；更像一只皮箱，提放自如，得大自在。

世事变幻，风云莫测，缘起缘灭，众生在岁月的洪流中渐行渐远，一路鲜花烂漫、鸟语虫鸣，也仍旧不能湮没斗转星移、沧海桑田的无常。承担与放下都非易事，都需要勇气与魄力，而做到提放自如，淡然处之，更非常人所能达到。

圣严法师将人分为三类：第一类，提不起、放不下；第二类，提得起、放不下；第三类，提得起、放得下。

第一类人占据了芸芸众生中的大多数，他们只懂享受，却从不承担，内心又放不下对功名利禄的追求，像是寄居在荨麻茎秆上的菟丝子，攀附在其他植物之上，毫不费力地汲取着养分，却从不奉献什么；第二类人有担当，有责任心，而且往往目标明确，会一直凭借着自己的能力向上攀登，而一旦有所获得时，却舍不得放下，只会拖着越来越重的行囊，艰难上路；第三类人有理想、有魄力、有担当，而且心地坦然，头脑睿智，可攻可守，可进可退。

一天，山前来了两个陌生人，年长的仰头看看山，问路旁的一块石头："石头，这就是世上最高的山吗？""大概是的。"石头懒懒地回答。年长的人没再说什么，就开始往上爬。年轻的人对石头笑了笑，问："等我回来，你想要我给你带什么？"石头一愣，看着年轻人，说："如果你真的到了山顶，把那一时刻你最不想要的东西给我，就行了。"年经人很奇怪，但也没多问，就跟着年长的人往上爬去。斗转星移，不知又过了多久，年轻人孤独地走下山来。

石头连忙问："你们到山顶了吗？"

"是的。"

"另一个人呢？"

"他，永远不会回来了。"

石头一惊，问："为什么？"

"唉，对于一个登山者来说，一生最大的愿望就是战胜世上最高的山峰，当他的愿望真的实现了，也就没了人生的目标，这就好比一匹好马折断了腿，活着与死了，已经没有什么区别了。"

"他……"

"他自山崖上跳下去了。"

"那你呢？"

"我本来也要一起跳下去，但我猛然想起答应过你，把我在山顶上最不想要的东西给你，看来，那就是我的生命。"

"那你就来陪我吧！"

于是，年轻人在路旁搭了个草房，住了下来。人在山旁，日子过得虽然逍遥自在，却也如白开水般没有味道。年轻人总爱默默地看着山，在纸上胡乱抹着。久而久之，纸上的线条渐渐清晰了，轮廓也明朗了。后来，年轻人成了一个画家，绘画界还宣称一颗耀眼的新星正在升起。接着，年轻人又开始写作，不久，他就以文章回归自然的清秀隽永一举成名。

许多年过去了，昔日的年轻人已经成了老人，当他对着石头回想往事的时候，他觉得画画与写作其实没有什么两样。最后，他明白了一个道理：其实，更高的山并不在人的身旁，而在人的心里，只有忘我才能超越。

故事中从山上跳下去的那位登山者就属于圣严法师所说的第二类人，他执着地追求着攀登上世界最高峰的荣誉，而一旦愿望实现，他却不能将之放下，再继续前行，所以他自认为只有绝路可寻；而另一位年轻人之前也有了轻生的念头，但因为不能违背对石头的承诺，所以他才有机会了悟真理——世界上更高的山在人的心里。

收放之间，总能不断得到提升，只有放下世俗名利的牵绊，怀有质朴自然的初心，才能不为外物烦扰，真正感悟生命的意义。

感悟淡泊：

世事变幻，风云莫测，缘起缘灭，众生在岁月的洪流中渐行渐远，一路鲜花烂漫、鸟语虫鸣，也仍旧不能湮没斗转星移、沧海桑田的无常。承担与放下都非易事，都需要勇气与魄力，而做到提放自如，淡然处之，更非常人所能达到。

卷二
人生难免许多愁，要看开

　　每个人都希望自己活得快乐而洒脱，然而，人生在世，各种困扰和烦恼总是难免的，甚至，即便你看似什么也不缺的时候，也可能会被一种不可名状的困惑和无奈纠缠着。实际上，苦是对人生的一种修行，愁是对生活的一种考验。只要你把心胸放宽了，把事情看淡了，你就能超越它们，战胜它们，终至幸福的彼岸。

1.遗忘是最明智的解脱之法

美国白涅德夫人曾经写过一本《小公主》，里面的主人公莎拉曾经是一个富家女，但她的爸爸突然死去，还破了产，只留下她这个十岁的小女孩。她的生活从天堂掉到地狱，每天都要干脏活、累活，还要忍受别人的讥讽和嘲笑。但她依然很快乐，她接受了这个事实，并且幻想有一天幸福会降临，从而忘记了痛苦和屈辱。当我们在面对这样的环境的时候，我们是不是也应该这样呢？

人们总是希望自己活得快乐一点，洒脱一点，可是身处尘世，放眼四周，却常常会有人说自己并不快乐，被一种不可名状的困惑和无奈缠绕着。我们为什么不快乐呢？一个重要的原因就是我们没有学会遗忘。

在我们的日常生活中，在我们的人生路途上，我们所欣赏到、所见到的不全是让我们愉悦而开心的风景，我们还会遇到种种的挫折和不幸，有些甚至是致命的打击。因此我们有必要学会遗忘，对于我们，遗忘是一种明智的解脱。一次不该有的邂逅，一场无益身心的游戏，一次不成功的使人失魂落魄的恋爱，一场让人丢失进取心的空虚幻想，这些都是我们应该从记忆的底片上所必须抹去的镜头。因为我们还在人生路途上行走，我们所追求的事业、目标在前方不远处，我们遗忘是为了使自己更好地赶路，使自己走得更加轻松。

人们常常为了名利将自己弄得疲惫不堪，为此将他人对待自己的种种误解铭记于心，对别人的轻视耿耿于怀。于是，本打算给自己营造一片轻松愉悦的天地，却不料到头来是给自己套上了一个又一个精神枷锁，心里的那片蓝天在不知不觉中抹上了灰色，伴随着成长的足迹深植于心，在不经意中折磨摧残着自己。这时我们真的需要一点遗忘的精神。忧心忡忡时不妨到大自然中去体会事物本来的神韵，净化自己的心灵，化解自己的悲苦，遗忘我们应该遗忘的那些东西。

遗忘在某种程度上也是一种宽容的体现。作为一个普通人，也许我们并没有获得人生中所谓的辉煌，也许我们遭受了不应有的嘲讽和轻视，但不必为此而苦恼，我们完全可以潇洒地把它们忘掉。因为，如果为这些烦事所忧，就永远休想获得人生的辉煌。每个人都需要有一个心灵的空间去反思自己，在这个空间里，学会遗忘可以让我们感受到自己的空间清澈了许多，让琐事像漂浮物一样远离我们而去，沉淀下来的是我们对生活智慧的领悟。

学会遗忘，并不是一件容易的事，有许多想忘也忘不掉的悲伤、痛苦、耻辱，它们是那么的刻骨铭心。我们要以一颗平常心去对待痛苦，既然已经发生了，就应该去接受它再忘掉它，不要让它为我们的生活添上许多不必要的烦恼。学会遗忘吧，留给自己一个清新宁静的生存空间，便会拥有宽阔的心怀。

感悟淡泊：
　　作为一个普通人，也许我们并没有获得人生中所谓的辉煌，也许我们遭受了不应有的嘲讽和轻视，但不必为此而苦恼，我们完全可以潇洒地把它们忘掉。因为，如果为这些烦事所忧，就永远休想获得人生的辉煌。

2.内心不乱，什么都无法搅扰你

安详本是佛家用语。僧人学禅悟道走遍千山百岭，所谓"芒鞋踏破岭头云"——不辞艰辛跋涉，去追求佛法真谛。这真谛是什么？就是一种安详的心态。

一个人能够包容生活，不管物质生活充实或贫乏，都能保持内心的安详，也就是在过着幸福的生活了。相反，如果一个人的心里紊乱不安，那么即使他身处高位，荣禄在身，生命也是处在煎熬之中。

佛门弟子苦参苦学，他们追求的是什么呢？绝不是什么神秘的东西。因为真理是普遍的，神秘绝不是真理。他们追求的既不是神秘，也不是物欲，而是内心的安详。

前清时的王有龄，进京捐官成功，由于有他人的保荐，回到杭州很快就得到了海运局坐办的实缺，而在胡雪岩的全力帮助下，涉及王有龄自己以及整个杭州官场人物前途的漕米解运的麻烦，也一举圆满解决。这个时候又恰逢湖州知府出缺。湖州为有名的生丝产地，丰饶富庶，是一个令许多人垂涎的地方。王有龄由于漕米解运的事，已经在杭州得了能员之称，这使他一下子又得了湖州知府的肥差。不仅如此，他还同时得到了兼领浙江海运局坐办的许可。一切如意，他实在是太顺利了。

如此顺利，使王有龄自己都不能相信自己的运气会如此之好，他对胡雪岩说："一年工夫不到，实在想不到有今日之下的局面。福者祸所倚，我心里反倒有些嘀咕了。"倒是胡雪岩大气得多，他对王有龄说："千万要沉住气。今日之果，昨日之因，莫想过去，只看将来。今日之下如何，不要去管它，你只想着我今天做了些什么，该做些什么就是了。"

胡雪岩的这番话，不外乎是说人要不为宠辱得失所动，不要过多地去想自己面对的得失，而应该保持安详平和的心态，注重做该做必做的事。这番话虽然是具体针对王有龄的沉不住气说的，但却也实在说出了人们该有的包容之心。人确实要有一点这种不为宠辱所动，不被得失所拘的大气，做到宠辱不惊。一时的得失荣辱虽并不能都轻轻松松全看作过眼烟云，但最重要的是把握内心的平和安详。

苏轼的友人王定国有一名歌女，名叫柔奴。眉目娟丽，善于应对，其家世代居住京师。后王定国迁官岭南，柔奴亦随之，多年后，复随王定国还京。苏轼拜访王定国时见到柔奴，问她："岭南的风土应该不好吧？"不料柔奴却答道："此心安处，便是吾乡。"

苏轼闻之，心有所感，遂填词一首，这首词的后半阕是："万里归来年愈少，微笑，笑时犹带岭梅香。试问岭南应不好？却道：此心安处是吾乡。"在苏轼看来，偏远荒凉的岭南不是一个好地方，但柔奴却能像生活在故乡京城一样处之安然。从岭南归来的柔奴，看上去似乎比以前更加年轻，笑容仿佛带有岭南梅花的馨香，这就是随遇而安，并且是心灵之安的结果。

苏东坡曾在《定风波·沙湖道中遇雨》中写道：

"莫听穿林打叶声，何妨吟啸且徐行。竹杖芒鞋轻胜马，谁怕？一蓑烟雨任平生。料峭春风吹酒醒，微冷，山头斜照却相迎。回首向来萧瑟处，归去，也无风雨也无晴。"

这是他在去一个名叫沙湖的地方的路途中，突然遇到大雨时，"雨具先去，同行皆狼狈，余独不觉。已而遂晴，故作此词"。

在被贬边城、人生遭遇不幸的时候，苏东坡依然旷达、乐观，不让外界的环境变化来扰乱自己的心境，改变自己向来乐观的人生信念。正如"莫听穿林打叶声，何妨吟啸且徐行"所描写的那样，当乱雨打叶、风波骤起的时候，何不把它当作一个生活中的小风景，在雨中慢慢走，慢慢吟诗，心情自然就不错。当一切风平浪静的时候，再回首看看那样的过程，却带有一点享受般的惬意。

对于像苏东坡这样处乱不惊、心如止水、不受外界干扰的人来说，其实人生本来就是"也无风雨也无晴"的。即便时光已逝去千年，我们仿佛还能看到苏东坡竹杖芒鞋在雨中吟啸徐行的样子，看到一个天真烂漫、充满生命激情的人，在向我们展示着，生命原来可以这样洒脱。

人生在世很不容易，风风雨雨、沟沟坎坎、苦辣酸甜都可能遇到，因此，要保持内心的安详，做到随遇而安。这种心态并非是消极的，而是提示人们在不断的进取中，无论是成功还是失败，无论是车水马龙还是门庭冷落，无论是辉煌夺目还是默默无闻，都要有个良好的心态，笑对人生！

生活中不如意的事情是很多的。俗话说："不如意事常八九。"人生际遇不是个人力量可以左右的，而在诡谲多变、不如意事常八九的环境中，唯一能使我们快乐的办法，就是用平常心去面对生活，使自己的内心保持平和安详。

一个人搭车回家，行至途中，车子抛锚，当时正值盛夏午后，闷热难当。当他得知四五个小时后才可启程时，就独自到附近的海滨游泳去了。

海滨清爽怡人。当他兴尽归来时，车子已经修好，趁着黄昏的晚风，他踏上了归程。之后，他逢人便说："真是一次最愉快的旅行！"

由此，安详的妙处可见一斑。假如换了别人，在这种情况下，恐怕只好站在烈日下，一面抱怨，一面着急。而那辆车子不会因此提前一分钟修好，那次旅行也一定是一次最糟糕的旅行。

砂糖是甜的，精盐是咸的。通常，如果想要使食物尝起来是甜的，只要加点糖就可以了。然而事实上，若我们再加入些盐，反而更能增强砂糖的甜度与味道，这正是造物主绝妙的安排。

当杰勒米·泰勒丧失了一切——他的房屋遭人侵占，家人被赶出家门，流离失所，庄园被没收了的时候，他这样写道："我落到了财产征收员的手中，他们毫不客气地剥夺了我所有的财产。现在只剩下了什么呢？让我仔细搜寻一下。他们留给了我可爱的太阳和月亮，我温良贤淑的妻子仍在我的身边，我还有许多给我排忧解难的患难朋友，除了这些东西之外，我还有愉快的心、欢快的笑脸。他们无法剥夺我对上帝的敬仰，无法剥夺我对美好天堂的向往以及我对他们罪恶之举的仁慈和宽厚。我照常吃饭、喝酒，照样睡觉和消化，我照常读书和思考……"

在意外打击和灾难面前，泰勒仍感到有足够的理由欢乐，他像是爱上了这些痛苦和灾难似的，或者说，他在这种常人难以摆脱的痛苦和怨恨中仍然能够自得其乐，真可谓不以常人之忧为忧，而以常人之乐为乐。他之所以能做到这一步，是因为他敢于藐视困难，视灾祸为一点寻常荆棘，他就是坐在这些小小的荆棘之上，亦不足为忧。保持一份豁达的心境，那真是比有万贯家财更有福气。

安详显示的成熟使人有了万事随缘的感悟，不再张狂，不再浮躁。

安详是一种精良的生命质地。一个人能以宁静的心境从容于天上云卷云舒，静观于地上花开花落，洞察于世间人聚人散，这便是安详的修养。

　　不管是什么样的天气，什么样的境遇，只要心中洒脱，看得开，保持一颗乐观豁达的心，对你来说永远都是风和日丽、天高云淡的好天气。

感悟淡泊：

　　人生在世很不容易，风风雨雨、沟沟坎坎、苦辣酸甜都可能遇到。因此，要保持内心的安详，做到随遇而安。这种心态并非是消极的，而是提示人们在不断的进取中，无论是成功还是失败，无论是车水马龙还是门庭冷落，无论是辉煌夺目还是默默无闻，都要有个良好的心态，笑对人生！

3.有些情感只能存于记忆

拥有并懂得珍惜，这样，在爱与恨、得与失、悲与喜之间，就有了一条宽敞的路。无言的微笑带来美好的情操，对生活执着的追求，不会因为时光的流逝而淡漠，不会因为风雨的侵袭而凋零！

一整天的工作使她倍感疲倦，带着几分慵懒，小菲骑车逆行在回家的路上。她漫无目的地望着迎面而来的人流，猛然间，一个熟悉而又陌生的身影进入了她的视线——宏。

小菲的心微微颤动了一下，久违的心绪涌上心头。宏是一个出色的男孩，初中时和小菲同级邻班，在年级里的知名度颇高。球场上，楼道里，他的身后总会有不少女生追随的目光。

小菲喜欢宏那充满朝气的身影和帅气的笑容。他俩有时总会相遇，而每每目光相碰，宏都会回敬给她一个很阳光的笑容。听说宏各方面都很出色，在一般人眼里宏是个很傲气甚至是很轻狂的人，但小菲却并不这样认为。

一次，小菲在与好友芸的闲谈中谈及宏，从芸的闪烁其词和那怪异的神情中，她隐约感到芸对宏的那份感觉。一再逼问下，芸微红的脸颊和腼腆的微笑给了小菲肯定的答案，小菲心中不免重重地一沉。

芸是个内向的女孩，她对宏的心情往往可以在远远的凝望中得到满足。尽管如此，芸对宏的倾慕还是成了全班皆知的秘密。每每有人提到宏，周围的人都会将目光投向陶醉的芸，每当此刻，小菲心中则总会有隐隐的酸楚。

每次宏与小菲不期而遇时，宏一定会转头，安安静静地看着小菲。小菲有些迷茫，但她毕竟是敏感女孩，从宏的眼眸中，小菲看到了期待与肯定。她一想到纯真的芸，她便有些无助，有些举棋不定。她真的喜欢宏，但每当面对芸时，她就会感到自己好卑鄙，好虚伪。最终，她还是选择了逃避，尽量回避与宏的碰面，面对宏时，眼神都会伪装得异常冷漠。渐渐地，宏察觉到了小菲的逃避，不解与观望燃尽了他眼中原有的热情。

转眼到了初三下学期，紧张的学习使小菲更有理由去忘掉宏。她不让自己去想，也很少再与芸聊天，只有做不完的习题才可以缓解一下她心头的忧郁。

中考终于过去了，正如人们料想的那样，小菲考上了本校高中。领取通知书的那天，她没有太多的兴奋，当她听说宏报考了另一所高中时，压抑已久的泪水终于夺眶而出。说不清这是委屈还是不满，也许这只是一种发泄。

为了儿时的梦想，高中的路不容小菲有半点迷茫或犹豫。每当想起宏，小菲就会告诫自己，时间可以改变一切。

目光从宏的身上移开，匆匆与他擦身而过。她为自己多年后依旧狂跳的心感到不安，她甚至开始讨厌自己当年的怯懦。

手机响了，小菲被惊回到现实，是小菲的现任男友约她一起吃饭。

是的，时间可以改变一切。

青春的梦有许多种，有些梦后来变成真的了，但有些是不适合握在手中太久的，何不让已经窒息的梦飞走……

希望还有下一次，下一次的偶遇，小菲将不再逃避，她会给宏一个轻松的微笑。她相信，她会得到一个释怀的笑容。还有很长的路要走，还有太多的风雨要面对。埋藏曾经的忧虑，正视新的崎岖，小菲会努力，更会珍惜自己。

阳光雨露，鸟语花香，对每一个人都公平给予；烦恼忧伤，欢乐喜悦，却属于每个人私有。生命，总是美丽的。不是苦恼太多，只是我们不懂淡泊。有些事，有些人，不必一直沉重地挂怀，生命中要多一些顺其自然的想法，没得到的也许就不是你的。而很多时候，也不必太耿耿于怀，轻松地放下，从容地面对，很多情感许久后会变成一种温暖，只要你愿意转变，它们都将值得珍惜。一个会心的微笑、一束鲜花、一句关切的问候、一缕淡淡的柔情、一声同情的惋惜、一滴真诚的泪水，这些对于每个人，都是极其宝贵的财富。别对得不到的太在意，淡泊一些，其实就是在让自己解脱！

感悟淡泊：

不是苦恼太多，只是我们不懂淡泊。有些事，有些人，不必一直沉重地挂怀，生命中要多一些顺其自然的想法，没得到的也许就不是你的。

4.幸福会在你的抱怨声中消失

一个残疾人找到上帝，抱怨上帝没给他一副健全的体格。上帝什么也没说，就给他介绍了一位朋友，这个人刚死去不久，他感慨地对残疾人说："珍惜吧，朋友，至少你还活着。"

一个失意的人找到上帝，抱怨上帝没给他高官厚禄，上帝就把那位残疾人介绍给他，残疾人对他说："珍惜吧，至少你的身体还是健全的。"

一个年轻人找到上帝，抱怨上帝没让自己受到人们的重视和尊重，上帝就把那位失意的人介绍给他，那人对年轻人说："珍惜吧，至少你还年轻，前面的路还很长。"

是的，每个人的人生都不会太圆满，每个人的一生都有缺憾，但是，与其抱怨一切不幸，不如珍惜自己所拥有的。

在莱茵河畔，一位青年正垂头丧气地来回走动着，他心烦意乱，真想跳进河里一死了之，但他又舍不得这个世界。正在犹豫不决时，一位牧师经过他的身边，停下来问道："小伙子，你有心事吗？"

青年深深地叹了口气说："我叫莱恩，年近30岁却一事无成。家里还有个叫人看了就恶心的黄脸婆，每天不停地唠叨。这样的日子我真是受够了。"

牧师听后微笑着问道："那么你的理想是什么呢？说出来，看看我能不能帮你实现。"

莱恩说："我曾经有三个理想，一是做像怀特那样的超级大富翁，二是做像斯皮尔那样的高官；如果这两个不能实现，那么我想娶布蕾丝那样的漂亮女人做妻子。"

牧师笑着说："莱恩，这很容易，你跟我来吧！"说完，转身就走。莱恩大喜过望，紧紧跟在了他后边。

牧师领着莱恩先来到世界超级富翁怀特的豪宅，只见他正躺在床上大声咳嗽，脸色蜡黄，面前的金盆里是他刚吐出的带血丝的痰。牧师转身对莱恩说："怀特先生不惜牺牲自己的健康追求财富，为了得到财富，他付出了超负荷的精力，结果财富得到了，他却累倒了。他还不知道自己的三个儿子正祈祷他早日升天，好早日继承遗产呢。"牧师说着，领着莱恩来到另一间房间，只见怀特的三个儿子正在和几位漂亮小姐喝酒，一副声色犬马的样子。莱恩看了十分恶心，不由掉转身子。牧师对莱恩说："我们再去拜访一下议长斯皮尔吧！"

两人又来到斯皮尔的官邸，只见他身边围着几个人，显然是保镖。斯皮尔吃饭，保镖先尝；斯皮尔睡觉，保镖都瞪大了眼睛盯着他；就是斯皮尔上厕所，他们也在马桶旁蹲着。牧师对莱恩说："斯皮尔的政敌很多，稍不注意就要遭到黑手，他就是上街散步，保镖都寸步不离。"

莱恩叹了口气，失望地说："那他和蹲监狱有什么两样？"牧师无奈地摇摇头说："我们再去看看当代最红、最性感的女明星布蕾丝吧。"说着，他领着莱恩来到布蕾丝的家里。

布蕾丝正冲一位菲律宾佣人大发脾气，她甚至拿起手里的烟头朝用人戳去，佣人的皮肤很快起了泡。佣人硬挺着，不敢呻吟。牧师悄悄对莱恩说："如果他发出惨叫的话，将招致更严厉的惩罚。"布蕾丝折磨完用人，要回房睡觉了，这时一个女佣走进来对她说："小姐，伯格先生求见。"布蕾丝眼皮也不抬地吩咐道："叫他给我滚出去，今天我已经和他离婚了，与他什么关系也没有了。"佣人小心地答应着要退出去，布蕾丝又说："顺便带个信儿给他，明天我就要和我的第12任丈夫结婚了，他有兴趣的话，可以来参加我们的婚礼。"说完"啪"的一声关上了房门。

莱恩看得目瞪口呆。从布蕾丝家出来后，牧师问莱恩："小伙子，三个理想，你随便挑一个，我都可以帮你实现。"莱恩想了一会儿，微笑地说："不，牧师，其实我什么也不缺。与怀特先生相比，我有他所有金钱都买不来的健康；与斯皮尔先生相比，我有他没有的自由；至于布蕾丝嘛，我老婆可比她贤淑善良多了……"

当我们面临不幸时，怨天尤人是一生，珍惜拥有也是一生，为何不选择后者呢？

爱尔兰作家巴克莱在文章中写道：

在学校的足球练习比赛中，一位男学生跌倒在地，把手臂跌断了，刚好是他的右臂。

在等救护车把他送去医院的时候，他要同学给他笔和纸。

同学问："这种时候，你还要纸笔干吗？"

他回答："你们有所不知，我的右臂既然断了，我想，应该训练自己用左手写字。"

右臂断了，是一种不幸。但是，能积极地用左手来完成右手做的事，却是一种极乐观的生活态度。

当我们遇到挫折时，不要急着沮丧或抱怨，为何不像这位同学一样，及时转化自己的不幸呢？其实每个人只要能学会发现和珍惜自己手中已经握着的幸福，美好的生活就会时刻在我们身边。

感悟淡泊：

在人生道路上，风和日丽的日子会有，狂风暴雨的日子同样也会有。如果你身在福中却仍不满足，或者在遭遇挫折后就看不见光明，那么你所拥有的那一部分幸福也会在你的抱怨声中消失。当我们面临厄运时，怨天尤人是一生，珍惜拥有也是一生，为何不选择后者呢？

淡

泊

5.甩掉包袱，轻装上阵才能远行

生活中总有些不如意、不顺心的事情发生。人生没有永远的坦途，困难和挫折人人都会遇到，但是每个人对待挫折的态度不一样，有的人很快就会释然，而有的人则总是耿耿于怀，仿佛给自己的心灵背上了一个沉重的包袱。人生最可怕的，可能就是背着心灵的包袱走路了。真正能够宽恕自己的人，在遭遇失败或者挫折之后，很快就能从阴影之中走出来，迅速转换自己的人生角色，轻装前进，直至下一次的成功。

台湾著名女作家三毛小时候是一个非常勇敢的小女孩儿，她喜欢体育，常常一个人倒吊在单杠上直到鼻子流出血来。她喜欢上语文课，国文课本一发下来，她只要大声朗读一遍，便能够熟练地掌握其中的内容。有一次她甚至跑到老师那里，很轻蔑地批评说："国文课本编得太浅，怎么能把小学生当傻瓜一样对待呢？"

三毛12岁那年，以优异的成绩考取了台北最好的女子中学——台北省立第一女子中学。在初一时，三毛的学习成绩还行；到了初二，数学成绩一直滑坡，几次小考中最高分才得50分，三毛很有些自卑。

然而一向好强的三毛发现了一个考高分的窍门。她发现每次老师出小考题，都是从课本后面的习题中选出来的。于是三毛每到临考，都把后面的习题背过。因为三毛记忆力好，所以她能将那些习题背得滚瓜烂熟。这样，一连六次小考，三毛都得了100分。老师对此很是怀疑，他决定要单独测试一下三毛。

一天，老师将三毛叫进办公室，将一张准备好的数学卷子交给三毛，限她十分钟内完成。由于题目难度很大，三毛得了零分，老师对她很是不满。接着，老师在全班同学面前羞辱了三毛。这位数学老师拿起蘸着饱饱墨汁的毛笔，叫她立正，非常恶毒地说："你爱吃鸭蛋，老师给你两个大鸭蛋。"老师用毛笔在三毛眼眶四周涂了两个大圆饼。因为墨汁太多，流了下来，顺着三毛紧紧抿住的嘴唇，渗到她的嘴巴里。

老师又让三毛转过身去面对全班同学，全班同学哄笑不止。然而老师并没有就此罢手，他命令三毛到教室外面，在大楼的走廊里走一圈再回来。三毛不敢违背，只有一步一步艰难地将漫长的走廊走完。

这件事情使三毛丢了丑，她也没有及时调整过来，于是开始逃学。当父母鼓励她正视现实鼓起勇气再去学校时，她坚决地说"不"，并且自此开始休学在家。

休学在家的日子里，三毛仍然不能从这件事的阴影中走出来。当家里人一起吃饭时，姐姐弟弟不免要说些学校的事。这令她极其痛苦，以后连吃饭都躲在自己的小屋里，不肯出来见人了。就这样，三毛患上了少年自闭症。

可以说，少年自闭症影响了三毛一生，在她成长的过程中，甚至在她长大成人之后，她的性格始终以脆弱、偏颇、执拗、情绪化为主导。这样的性格对于她的作家职业可能没有太多的负面影响，但却严重影响了她人生的幸福。1991年1月，三毛在台北自杀身亡，这与她的性格弱点有重要关联，正是因为三毛的性格，才导致了她那最终可悲的命运。

对于12岁时的丢丑事件念念不忘使三毛产生了不好的性格，长大成人的三毛深知这样的性格会是自己成功路上的拦路虎。为此，她独自一人远赴欧洲，游历非洲，主动创造条件改变自己不健康的个性。正是因为她对自己个性的主动改造才使她在文学创作上获得了成功。

忘却也是一种能力，对于一些不愉快的事，一些不值一提的小事，一些没有意义的琐事，我们就应该及时地忘掉。对于丢丑的事，我们更要及时遗忘，别把它放在心上，也别让它影响了自己的个性发展与完善。

一位泰国企业家玩腻了股票，转而炒房地产，他把自己所有的积蓄和从银行提到的大笔资金都投了进去，在曼谷市郊盖了15栋配有高尔夫球场的豪华别墅。但时运不济，他的别墅刚刚盖好，亚洲金融风暴出现了。他的别墅卖不出去，贷款还不起，这位企业家只能眼睁睁地看着别墅被银行没收，连自己住的房子也被拿去抵押，还欠了相当大一笔债务。

这位企业家的情绪一时低落到了极点，他怎么也没想到，对做生意一向轻车熟路的自己会陷入这种困境。但让人敬佩的是，他并没有因此而一蹶不振，他决定重新白手起家。他的太太是做三明治的能手，她建议丈夫去街上叫卖三明治，企业家经过一番思索答应了。从此曼谷街头就多了一个头戴小白帽、胸前挂着售货箱的小贩。

昔日亿万富翁沿街卖三明治的消息不胫而走，买三明治的人骤然增多，有的顾客出于好奇，有的出于同情。许多人吃了这位企业家的三明治后，为这种三明治的独特口味所吸引，经常买企业家的三明治，回头客不断增多。现在这位泰国企业家的三明治生意越做越大，他慢慢地走出了人生的低谷。他叫施利华，几年来，他以自己不屈的奋斗精神赢得了人们的尊重。在1998年泰国《民族报》评选的"泰国十大杰出企业家"中，他名列榜首。

在人生路上，负重前行，不仅走不快、走不远，还会让你筋疲力尽，饱受疲劳、苦痛的煎熬，甚至它还会扼杀掉你成功的希望。既然阴影无法消除，我们何不走出去，即使包袱仍旧存在，我们何不将它甩在路旁，永远要记住，轻装上阵才能远行。

感悟淡泊：

忘却也是一种能力，对于一些不愉快的事，一些不值一提的小事，一些没有意义的琐事，我们就应该及时地忘掉。对于丢丑的事，我们更要及时遗忘，别把它放在心上，也别让它影响了自己的个性发展与完善。

6.放不下就忧愁，放得下就快乐

事事都看得开、放得下，才会心无挂碍，轻松快乐。

有一个富翁背着许多金银财宝，到远处去寻找快乐。可是走过了千山万水，也未能寻找到快乐，于是他沮丧地坐在山道旁。一个农夫背着一大捆柴草从山上走下来，富翁说："我是个令人羡慕的富翁，请问，为何我却没有快乐呢？"

农夫放下沉甸甸的柴草，舒心地擦着汗水："快乐也很简单，放下就是快乐呀！"富翁顿时开悟：自己背负那么重的珠宝，老怕别人抢，总怕别人暗害，整日忧心忡忡，快乐从何而来？于是富翁用珠宝、钱财接济穷人，专做善事，慈悲为怀，这样滋润了他的心灵，他也尝到了快乐的味道。

时下，人们成天被名缰利锁缠身，何来快乐？成天陷入你争我夺的境地，快乐从何而言？成天心事重重，阴霾不开，快乐又在哪里？成天小肚鸡肠，心胸如豆，无法开豁，快乐又何处去寻？

非洲土著用一种奇特的狩猎方法捕捉狒狒：在一个固定的小木盒里面，装上狒狒爱吃的坚果，盒子上开一个小口，刚好够狒狒的前爪伸进去，狒狒一旦抓住坚果，爪子就抽不出来了，人们常常用这种方法捉到狒狒。因为狒狒有一种习性，不肯放下已经到手的东西。

人们总会嘲笑狒狒的愚蠢：为什么不松开爪子放下坚果逃命？但审视一下我们自己，也许就会发现，并不是只有狒狒才会犯这样的错误。

因为放不下到手的职位、待遇，有些人整天东奔西跑，荒废了正当的工作；因为放不下诱人的钱财，有人费尽心思，结果常常作茧自缚；因为放不下对权力的占有欲，有些人热衷于溜须拍马、行贿受贿，不惜丢掉人格的尊严，一旦事情败露，后悔莫及……

"放下就是快乐"是一颗开心果，是一粒解烦丹，是一道欢喜禅。只要你心无挂碍，什么都看得开、放得下，何愁没有快乐的春莺在啼鸣，何愁没有快乐的泉溪在歌唱，何愁没有快乐的白云在飘荡，何愁没有快乐的鲜花在绽放！活着就是幸福，好好珍惜鲜活的生命，功名利禄不过是过眼云烟，荣华富贵也不过是空梦一场，最重要的是活着，活着本身就是一种幸福。

一位名人去世了，朋友们都来参加他的追悼会。昔日前呼后拥、香车宝马的名人躺在骨灰盒里，百万家财不再属于他，宽敞的楼房也不再属于他，他所拥有的只有一个骨灰盒大小的空间，山珍海味浇灌的肚子也化成了一把灰烬。

从名人的追悼会上回来，几乎每一个人都会产生看破红尘的念头，那么聪明的一个人，那么会算计的一个人，每一个与他斗的人最终都败下阵来，可是他斗来斗去也斗不过命。撒手人寰以后，一切都是空。

趁现在好好活着吧，活着就是幸福，你看名人的遗孀那副泪水涟涟的样子！什么名呀利呀，权呀势呀，轰轰烈烈了一世，最后还不是一个人孤零零地走路？以前踩着那么多人的肩膀向上爬，得罪了那么多人，值吗？

追悼会是一次洗礼。从死亡的身边经过以后，才知道活着是怎么回事。很多人回到家以后，都给自己的"死对头"打了电话，言归于好，并决定好好珍惜现在鲜活的生命。

一边是死亡的震撼，一边是活着的琐碎，我们很容易被死亡所震撼，然而我们更容易被活着的琐碎所淹没。不要去在意那些繁杂的纠葛，活着就是幸福，让我们好好珍惜现在鲜活的生命。

感悟淡泊：

"放下就是快乐"是一颗开心果，是一粒解烦丹，是一道欢喜禅。只要你心无挂碍，什么都看得开、放得下，何愁没有快乐的春莺在啼鸣，何愁没有快乐的泉溪在歌唱，何愁没有快乐的白云在飘荡，何愁没有快乐的鲜花在绽放！

7.不可后悔太久，要及时赶往下一个路口

机会，是世界上最宝贵的财富。尤其对于年轻人而言，机会是人生转折的岔路口，也是成功的导火索，一定要当机立断，把它抓住，否则失去便不会再来。

机会对于每一个人都是平等的。有很多人总是在埋怨上苍不给他机会成功，事实上，上帝也把苹果砸到了他的头上，可是他一边骂着一边把苹果吃了。这就是为什么牛顿成了科学家，而同一时代的其他人却丝毫没有在那个时代留下印记。

16岁那年，牛顿的家庭陷入窘困，于是身为长子的他必须担当起这个家庭的重任。他渴望着走出小城，去做一番事，见识一下外面的天地。

这时候，征兵的日子到了，于是他和很多年轻人一样，报名参加。到了入伍体检的那天，他开始忐忑不安，他害怕会因为身体问题被部队刷掉，但是机会难得，他告诉自己，不能放弃，不能白白把这个机会放掉。

在体检之前，他回了趟家。他吃掉了几个野果子，又喝了几大杯凉水。结果，在体重测量那项，他刚刚过线，虽然是最低的体重，但是他通过了征兵体重要求的最低线。

于是他进入了部队，成为了一名光荣的军人。还有一部分青年，机会没有了，依然留在出生的山沟中，重复着老一辈的生命轨迹。

牛顿抓住了那次机会，便改变了一生的命运。如果他因为体重的不足，而让机会从眼前溜走，那么他肯定会后悔一生的。

人的生命是短暂的，在这短暂的时间中，机会能够出现的次数更是少之又少，抓住了，你的生命就会出现新的景象，错过了，只能是无尽的悔恨。如何才能抓住机会，不让自己的生命留下悔恨呢？这需要你有一双雪亮的眼睛、一颗敏锐的心，还有勤劳、敢于探索的品质。

150年前的一个圣诞节，还是孩童时期的道尔顿去商店买了一双深蓝色袜子，作为礼物送给母亲。母亲接过礼物时，却非常生气地怒斥他："不懂事的孩子！你难道不知道清教徒禁忌这种颜色吗？"

"禁忌深蓝色？"他问母亲。

"你买的是红色袜子啊！"母子俩竟然说出的颜色不一样。于是他们找别人来辨认。只有他的哥哥认为是蓝色的，而其他人也都说是红色的。

自从这件事发生以后，道尔顿深刻感觉到这其中肯定有什么奥妙。于是他查阅了大量的资料，通过数年的深入研究和分析，终于写出了震惊世界的《论色盲》。谁会对一双袜子的颜色问题而耿耿于怀呢？道尔顿就是这样一个人。他及时抓住了在眼前闪过的机会，根据视差原理，第一个提出了色盲问题。

机会不是没有，只是你或许抓不住罢了。想想看，在道尔顿之前恐怕患有色盲症的人大有人在吧，他们或许意识到了自己的眼睛有问题，但是他们却从没想过深入去研究它的根源，所以成功的机会就这样错过了。

然而，错过一次机会并不可怕，可怕的是这种令人抱憾终生的错过一次又一次在你身上上演的时候，那么你的人生恐怕就没有转折了。

所以，当你意识到上一个机会错过了时，后悔和遗憾是必然的，但不是长久的。短暂的遗憾感会让你深刻体会到这次教训，以后不要再次重复相同的错误；但是倘若一直沉浸在这种悔恨的氛围中，更是一种没有意义的选择。既然知道世界上没有卖后悔药的，那么即使你再后悔，机会也回不来，不如吸取教训，把悔恨感转换成探索的动力，转换成明亮的洞察力，这样你才有可能在下一次机会到来的时候迅速地抓住。永远记住，失去一次机会时，后悔一个小时就足够了，剩下的时间应对自己微笑一下，然后继续赶路，争取在下一个机会出现的时候，你能及时抓住，然后静静地等待收获的时刻。

感悟淡泊：

我们要时刻做好准备，以便机会来到身边时及时抓住。但当不小心错过机会时，也不要难过太久，淡然对待眼前的错失，积极地迎接下一次机会的到来，这才是最正确的做法。

8.成功人士都有失意的经历

月有阴晴圆缺，人生也是如此。年轻时，情场失意、朋友失和、亲人反目、工作不得志……类似的事情总会在不经意间纠缠你，此时你的情绪可能已经跌至低谷。其实，生活中的低谷就像是行走在马路上遇到的红灯一样，不妨把它看作是为了维持我们人生秩序的一种工具，不妨利用这段时间来做个短暂的休息，放松绷紧的神经，为绿灯时更好地行走打下基础。如果没有这样的红绿灯，或许某个时候，人生的道路会突然堵车，给你一个措手不及，让你无所适从。

失意是不能避免的，但我们不能因为一时的失意而把自己的整个人生变成灰色。失意的时候要进行自我情绪调理，或者找人倾诉，或者找到一个途径和方法排解掉郁闷的情绪，这样才能整装上阵，从头来过。很多时候，你觉得人生不顺，逆境难行，或许不过是你的主观感觉而已，或许情况并没有你想象得那般恶劣，不过是因为你的心情不好，然后产生了悲观的折射。这时候需要自我调节，无论是通过倾诉还是通过心理辅导，这些作用都是次要的，关键是自己帮助自己。适当的休息及深刻的思考或者会帮助你拨开云雾见晴天。

人生失意时不能停下脚步，也应该积极进取。条条大路通罗马，此路不通，不妨换条路试试，不妨来个情场失意工作补。处在人生的低谷，悲观、痛苦、怨天尤人都没有用，只会让自己越陷越深。越是逆境，我们越应该保持清醒的头脑和理智，全面认识自己的优点和不足。不妨利用这个机会反省一下，重新认识自己。看到自己的优点，可以抚慰自己那颗受伤的心，让心情归于平静，重新鼓起勇气，走出低谷。

历史上许多伟人，许多有成就者，都有过失意的时候，但他们都能失意不失志，做到胜不骄，败不馁。蒲松龄一生梦想为官，可最终也没能如意，但他是幸运的，因为他能及时反省，及时调转人生的航向。俗话说："朝闻道，夕死可矣。"如果他不能及时省悟，便不会有后世留芳的《聊斋志异》，他的大名也不会永载史册。林肯曾有两次经商失败，两次竞选议员失利的经历，但他最终还是得到了成功女神的垂青，成为美国历史上与华盛顿齐名的伟人。试想，如果他在经商失意时不能及时省悟，不能及时易辙，那他可能连成功的门都摸不着。

失意并不可怕，只要及时省悟，可能你会从此踏上另外一条通往成功的大道。失意时最忌情绪低落，最忌破罐子破摔的思想。一定要想着做点什么帮助自己渡过难关。失意时可以先大哭一场，把失败的苦痛彻底释放出来。痛苦之后必轻松，哭过以后，一定要及时反思，思考自己错在何处，如果还有挽救的余地，那就不可轻言放弃；如果实在是无药可救，自己在这一方面没有什么优势和天赋，那就到了下一步：痛下决心，改弦更张，重新绘制人生的宏伟蓝图。

对于不同的人而言，感到失意的导火线是不同的，所以当你深感失意的时候，就不要再盲目地前行了，休息片刻，然后调整方向反而是磨刀不误砍柴工。自己才是最了解自己的人。有时候，面对心理医生你或许有的问题难以启齿，反而误导了辅导方向，所以要依靠自己的力量找出问题的根源。找到了问题的根源才能有的放矢地去解决。在失意的时候，如果条件允许，那么尽量不要一直一个人待着，这时候朋友就显得非常重要。片刻思考过后，把问题想明白也罢，想不明白也罢，都不要再执着地思考下去，或许你的思路已经进入了一个死胡同。所以这时候你需要放松，人大多数时候处于一种自我厌倦的情绪中，这时候想凭借个人之力而改变自我情绪是很困难的，所以要积极地加入周围朋友的欢乐中，让他们的愉快带动你的情绪，或许在不经意间，你的那些小小的失意就会自动烟消云散。

失意就像沼泽地一般，你越是深陷其中，越是难以自拔。所以这时候要学会驻步，及时调整你的心态，及时重新规划你的航程方向，才有可能变逆境为顺境。得意和失意不过是两种心境罢了，得意时要保持淡然，失意时亦要保持坦然，不管是顺风还是逆风，我相信它们是无法真正阻止你向前方航行的，唯一能阻碍你前进的只有你自己。所以说，失意的时候最关键的是保持信心，不能因为环境的变化，以至于我们对自己的定位和能力也产生怀疑。每一个成功的人都有过失意的经历，像诗仙李白、诗圣杜甫等等，哪一个不是因为人生失意的境况，才写出了那些旷世绝句？

所以说，在失意的时候千万不要垂头丧气，对自己失去信心。去阅读那些名人轶事，你会发现他们也有和你一样不顺利的时候，可是他们却顽强地走过来了，走过那些被乌云遮盖的、没有阳光的日子，后面迎接他们的才是万里晴空。

人生百味，顺境逆境，得意失意，都不过是一种心境。当你遭遇到人生失意的时候，你会选择什么样的处理态度呢？你可以选择痛哭一场，但是要记住时间不要太长，否则会错过更多的美好，要及时整理好情绪，再次启航。

感悟淡泊：

得意和失意不过是两种心境罢了，得意时要保持淡然，失意时亦要保持坦然，不管是顺风还是逆风，我相信它们是无法真正阻止你向前方航行的，唯一能阻碍你前进的只有你自己。所以说，失意的时候最关键的是保持信心，不能因为环境的变化，以至于我们对自己的定位和能力也产生怀疑。

淡

泊

9.任凭尘世惊涛，我独自在逍遥

有这么一首流行的《宽心谣》：

日出东海落西山，愁也一天，喜也一天；遇事不钻牛角尖，人也舒坦，心也舒坦。每月领取养老钱，多也喜欢，少也喜欢；少荤多素日三餐，粗也香甜，细也香甜。新旧衣服不挑选，好也御寒，赖也御寒；常与知己聊聊天，古也谈谈，今也谈谈。内孙外孙同样看，儿也心欢，女也心欢；全家老少互慰勉，贫也相安，富也相安。早晚操劳勤锻炼，忙也乐观，闲也乐观；心宽体健养天年，不是神仙，胜似神仙。

朴实的语言中，自然透着一种大彻大悟的智慧，世人若能如此生活，宽心面对一切，相信心灵会少许多负累，可是有不少人偏偏要和自己过不去。

有位老太太生了两个女儿，大女儿嫁给了伞店老板，小女儿当上了洗衣作坊的女主管。于是老太太整天忧心忡忡，逢上雨天，她担心洗衣作坊的衣服晾不干；逢上晴天，她生怕伞店的雨伞卖不出去，天天为女儿担忧，日子过得很忧郁。后来一个聪明人告诉她："老太太，您真是好福气！下雨天，您大女儿家生意兴隆；大晴天，您小女儿家顾客盈门，哪一天你都有好消息啊！"老太太一想，果然如此，从此高兴起来，每天都很舒心。

天空不会因任何人而改变其阴晴不定的本性，人只有学会面对这些必然之事，才能多一些快乐，少一些忧愁。看看现代人，抑郁症成了流行病，难道这个世界就让我们这么绝望，以至于所有的东西都变成了灰色？其实抑郁只是自找的，没有人强加于你，心太窄，终究没有大格局，也不会有大智慧。

很佩服有些人，他们疲于安身立命，却又超凡脱俗，任凭尘世惊涛，社会险难，仍能自在逍遥游。他们从不灰心，从不退缩，他们心宽得很，是为达人。

曾有这么一位人力三轮车师傅，五十多岁，相貌堂堂。有人问他为什么愿意干这样的活儿，他笑着从车上跳下来，并夸张地走了几步给大家看，哦，原来是跛足，左腿长，右腿短，天生的。

他坦然地笑着说，为了能不走路，踩三轮车便是最好的伪装，这也算是"英雄有用武之地"。接着，他还转过头说："我老婆很漂亮，儿子也很帅！"坐他的车，让人如沐春风。

他说，自己没什么文化，但有好体力，踩三轮车很环保，也可养家糊口，一天可挣上百元。虽然发不了大财，但日子过得还算舒坦，他说他有"人生三愿"，即吃得下饭，睡得着觉，笑得出来。

这位人力三轮车师傅可称为智者。其实想想也是，人生不过数十寒暑，生长壮老，生命就是这么一个简单的过程，有人享受过程，有人苦于过程，有人眷恋过程。但不管你是有钱还是有权，都不能改变这个过程。即使可以通过一些手段加长这个过程，但多十年少十年又有多大区别？因此不要老是想不开，拼命地在这个过程中多多占有，以至于过程很累，结果两手空空，何苦呢？

正是愁也一天，喜也一天，何不一切随它去，眉间放一字宽，看淡人间名利与恩怨，持平常心，做"乐活"族。

淡泊的人生快乐多——人生诱惑太多，你要学会淡泊

感悟淡泊：

天空不会因为任何人而改变其阴晴不定的本性，人只有学会面对这些必然之事，才能多一些快乐，少一些忧愁。

淡

泊

卷三
得失本是平常事，要淡然

　　人生就是一个因缘际会的过程，得失总会互转，一定要学会淡泊。唯有看淡看轻看开，才不会被世间的烦恼困惑缠缚而难以自拔，才能够看破事物的表象而超然物外，化解险境和忧烦，才不会陷入拿不起放不下的两难处境。看淡看轻看开，就不会身心俱疲、活得拘谨和痛苦，而是容易获得自由和解脱，拥有旷达的人生。

1.得失常常互转，荣辱不必挂心

前清科举时期，民间相传一则笑话。

有一个老童生，每次考试都不中。他已经步入中年，心中十分着急，这一次正好与儿子同科应考。到了放榜那天，儿子看榜回来，知道已经被录取，赶快回家报喜。老童生正好关在房里洗澡，儿子敲门大叫："父亲，我已考取了！"老童生在房里一听，便大声呵斥："考取一个秀才，算得了什么，这样沉不住气，大喊大叫！"儿子一听，吓得不敢大叫，便轻轻地说："父亲，你也考取了！"老童生一听，便打开房门，一冲而出，大声呵斥："你为什么不先说？"他忘了自己光着身子，连衣裤都没来得及穿上。

当一个人在成名、成功的时候，没有"宠辱不惊，去留无意"的真修养，便会欣喜若狂，喜极而泣，自然会有震惊心态，甚至得意忘形。得到了荣誉、宠禄不必狂喜狂欢，失去了也不必耿耿于怀、忧愁哀伤，这才是宠辱不惊。得失的界限不会永远不变，一切功名利禄都不过是过眼烟云，得而失之，失而复得，这种情况都是经常发生的。意识到一切都可能因时空转换而发生变化，就能够把功名利禄看淡看轻看开，荣辱毁誉不放心上。

人生的得意与失意、荣宠与羞辱之间的感受，在官场、商界和情场上是最明显的。以男女的情场而言，众所周知唐明皇最先宠爱的是梅妃，后来梅妃被冷落在长门永巷之中，要想再见一面都不可能。世间多少的痴男怨女，因情而不能解脱，构成了无数哀婉的文学作品。

富贵不能淫，威武不能屈；宁为玉碎，不为瓦全；士可杀不可辱。面对邪恶，为了正义，宁死不屈，这是至高无上的荣誉，但并非所有的人都能在荣誉宠禄面前经得起考验。

人只有卸下捆绑于心的精神枷锁，才能轻装上阵。这需要有一颗平常心，不以物喜，不以己悲，内心安详。当能认识到幸福的本质，看清自己、看懂别人、看明因果、看轻得失、看透善恶、看淡荣辱、看破生死后，我们就拥有了慧眼。

唐高宗时，大臣卢承庆专门负责对官员进行政绩考核。被考核人中有一名粮草督运官，一次在运粮途中突遇暴风，粮食几乎全被吹光了。卢承庆便给这个运粮官以"监运损粮考中下"的鉴定。谁知这位运粮官神态怡然，一副无所谓的样子，脚步轻盈地出了官府。卢承庆见此认为这位运粮官有雅量，马上将他召回，随后将评语改为"非力所能及考中中"。可是，这位运粮官仍然不喜不愧，也不感恩致谢。这位运粮官真正拥有了一颗平常心。

在荣辱问题上，做到难得糊涂、去留无意，这是潇洒自如，顺其自然。一个人，当凭自己的努力、实干，靠自己的聪明才智获得了应得的荣誉、奖赏、爱戴时，应该保持清醒的头脑，有自知之明，切莫受宠若惊，飘飘然。对一切事物的态度应是无可无不可，宠辱不惊。阮籍说："布衣可终身，宠禄岂足赖。"一切都不过是过眼烟云，荣誉已成为过去时，不值得夸耀，更不值得留恋。

孔子说："天下有道则见，无道则隐。"能上能下，宠辱不计，只要顺愿、顺心、顺意即可。这样一来，既可以在条件允许的情况下做点事，又不至于为争宠争禄而劳心劳神。去留无意，亦可全身远祸。有时在利害与人格发生矛盾时，则以保全人格为最高原则，不以物而失性、失人格，如果放弃人格而趋利避害，即使一时得意，也会长久地受良心谴责。当你放弃利害保全人格时，那种欣喜愉悦是发自肺腑的、淋漓尽致的。一个坦坦荡荡、人格纯洁的人，他的心是宁静安逸的，而蝇营狗苟的小人的心境则永远是风雨飘摇的。

看淡看轻看开，就不会被世间的烦恼困惑缠缚而难以自拔，能够看破事物的表象而超然物外，化解险境和忧烦，也不会陷入拿不起放不下的两难处境。看淡看轻看开，就不会身心俱疲、活得拘谨和痛苦，而是容易获得自由和解脱，拥有旷达的人生。

感悟淡泊：

得失的界限不会永远不变，一切功名利禄都不过是过眼烟云，得而失之，失而复得，这种情况都是经常发生的。意识到一切都可能因时空转换而发生变化，就能够把功名利禄看淡看轻看开，荣辱毁誉不放心上。

2.此处失去，彼处获得

威尔·罗吉士是非常著名的幽默大师，他整天都是快乐的——即使在他失去什么东西的时候。这一方面得益于他乐观豁达的性格，更重要的是他懂得如何用一颗平常心去看待得与失。

1898年冬天，威尔·罗吉士继承了一个牧场。

有一天，他养的一头牛为了偷吃玉米而冲破附近一户农家的篱笆，最后被农夫杀死。依当地牧场的共同约定，农夫应该通知罗吉士并说明原因，但是农夫没有这样做。

罗吉士知道这件事后非常生气，于是带着用人去找农夫理论。

此时正值寒流来袭，他们走到一半，人与马车全都挂满了冰霜，两人也几乎要被冻僵了。

好不容易抵达木屋，农夫却不在家，农夫的妻子热情地邀请他们进屋等待。罗吉士进屋取暖时，看见妇人十分消瘦憔悴，而且桌椅后还躲着五个瘦得像猴子的孩子。

不久，农夫回来了，妻子告诉他："他们可是顶着狂风严寒而来的。"

罗吉士本想开口与农夫理论，忽然又打住了，只是伸出了手。

农夫完全不知道罗吉士的来意，便开心地与他握手、拥抱，并热情地邀请他们共进晚餐。

这时，农夫满脸歉意地说："不好意思，委屈你们吃这些豆子了，原本有牛肉可以吃的，但是忽然刮起了风，还没准备好。"

孩子们听见有牛肉可吃，高兴得眼睛都发亮了。

吃饭时，用人一直等着罗吉士开口谈正事，以便处理杀牛的事，但是，罗吉士看起来似乎忘记了，只见他与这家人开心地有说有笑。

饭后，天气仍然相当差，农夫一定要两个人住下，第二天再回去，于是罗吉士与用人在那里住了一晚。

第二天早上，他们吃了一顿丰盛的早餐后，就告辞回去了。

在寒流中走了这么一趟，罗吉士对此行的目的却闭口不提，在回家的路上，用人忍不住问他："我以为，你准备去为那头牛讨个公道呢！"

罗吉士微笑着说："是啊，我本来是抱着这个念头的，但是，后来我又盘算了一下，决定不再追究了。你知道吗？我并没有白白失去一头牛啊！因为，我得到了一点人情味。毕竟，牛在任何时候都可以获得，然而人情味，却并不是很容易得到。"

世界不是缺少美，而是缺少发现美的眼睛。人改变了角度，也就重新发现了一个新奇的世界，世界其实仍然是那个世界，太阳不会因为人们的视角改变而成为月亮。我们拥有一个共同的世界，但我们却拥有不同的世界观，对这个世界有着不同的认识，不同的理解和看法。每个人都有一双眼睛，用以分辨事物，这是自然的造化。每个人还有一双眼睛，它不是长在脸上，而是长在心中，这就是心智的眼睛。这双眼睛比另一双更重要，它告诉我们该如何看待身外的世界，如何看待自己。

故事中的罗吉士失去了一头牛，却换得农夫一家人的笑容和幸福，这段经历，让他懂得生命中哪些东西才是无价的。

感悟淡泊：

以一颗平常心看待自己失去的东西，因为在我们失去一样东西的同时，也许在其他方面已经得到了更加宝贵的东西。

淡

泊

3.珍惜自己拥有的，正确面对失去的

犹太人有段谚语很有意思：如果断了一条腿，你就该感谢上帝没有折断你的两条腿；如果断了两条腿，你就该感谢上帝没有扭断你的脖子；如果断了脖子，那也就没有什么好担忧的了。

从前有个国王喜爱打猎。有一次在追捕猎物时，不幸弄断了一节食指。国王剧痛之余，立刻召来智慧大臣，征询他们对意外断指的看法。智慧大臣仍轻松自在地对国王说，这是一件好事，并请国王往积极的方面去想。

国王闻言大怒，以为智慧大臣幸灾乐祸，即命侍卫将他关到监狱。

待断指伤口愈合之后，国王又兴冲冲地忙着四处打猎，却不料祸不单行，他又被丛林中的野人活捉。

依照野人的惯例，必须将活捉的这队人马的首领献祭给他们的神。祭奠仪式刚开始，巫师发现国王断了一截食指，而按他们部族的律例，献祭不完整的祭品给天神，是会遭天谴的。野人连忙将国王解下祭坛，驱逐他离开，另外抓了一位大臣献祭。

国王狼狈地回到朝中，庆幸大难不死。忽然想起智慧大臣所说，断指确是一件好事，便立刻将他从牢中放出，并当面向他道歉。

智慧大臣还是保持他的积极态度，笑着原谅了国王，并说这一切都是好事。

国王不服气地质问："说我断指是好事，如今我能接受；但若说因我误会你，而将你关在牢中受苦，难道这也是好事？"

智慧大臣微笑着回答："臣在牢中，当然是好事，陛下不妨想象，如果臣不在牢中，那么，今天陪陛下打猎的大臣会是谁呢？"

生活中，我们总是会拥有很多东西，但同时也会失去很多东西。一个人不可能毫无失去就能完全拥有，那不是真正的生活。有时失去意味着另一种获得，有时失去让我们发现还有其他美好的事物依然存在，也因此，这样的获得和存在会更让人珍惜。

如果我们失去了太阳的照耀，还有星星和月亮的拥抱；如果我们失去了山的磅礴雄伟，还有海的博大精深；如果我们失去了金钱的享受，还有亲情和友情的温暖；如果我们失去了权力，还有人性的纯朴；如果我们失去了雨露的滋润，还有江河的灌溉……

生活有时也会因为一些失去反而变得更完美。失去了，我们还可以争取找回来，如果找不回来，还可以去发现新的、更好的。当我们失去爱人，别忘了还有夏天的热烈，可以让我们再次寻找；当我们失去了爱心，别忘了还有春天的温馨，而春天还能让我们找回那颗爱之心；当我们失去了希望，别忘了去秋天的收获中寻觅；当我们失去了意志，别忘了还有冬天的坚韧让我们锤炼……

感悟淡泊：

让我们用一颗平常心去对待生活中的拥有与失去，凡事看得淡一点，知足常乐，会让自己的生活轻松愉快，如果太贪心，总想得到很多又无法面对失去，那终究会成为一种生活的负荷与累赘，让你疲惫不堪而逐渐失去人生乐趣。既然这样，那么，还是让我们选择平静与淡泊吧，好好珍惜自己拥有的，正确面对已经失去的，给自己一份好心情。

4.大千世界，得失总是如影相随

人们都有追求美好生活的愿望，因此，所有人都希望得到的越多越好，却很少有人懂得没有失去就不会拥有，很多时候，拥有是以失去为前提的。大千世界，得与失是形影相随的。生命在一点一滴成长的同时，也在一分一秒地逝去。当我们拥有青春时，却失去了无忧无虑的童年；当我们融入社会，学会左右逢源时，却失去了原有的纯真和坦荡。盼望日出的蓬勃之美，却失去了夜的宁静之美；享受大都市的高品位生活，却失去了怡然自得的田园生活。贪图财、色、权，却失去了做人的正气、道德和平常心。如果把人们在自己一生中得到的和失去的全部收集起来，得为正数，失为负数，那么相加以后这个结果就是零，这是因为世间万物均平衡的道理。至此，还有什么舍不得呢？

有一个年轻人乘船去另一个地方，在船快到达终点时，海上突然刮起了大风。在巨大的风浪中，船沉了下去。但是，这个年轻人幸运地被风浪冲到了一座荒岛上。

年轻人每天都翘首以待，希望有船经过，把他带走。然而，一天过去了，没有船经过；两天过去了，依然没有看到船的影子；到了第三天，船始终没有出现。为了活下去，年轻人找来一些木头，简单地搭建了一个躲避风雨的小屋。然而有一天，当他外出寻找食物时，由于忘了把燃烧的火熄灭，一场大火顷刻间把他的"家"化为了灰烬。他眼睁睁地看着滚滚浓烟消散在空中，悲痛交加，心中充满了绝望，他觉得自己再也没法活下去了。

第二天一大早，当他还在痛苦中煎熬时，海浪拍打船体的声音惊醒了他。一只大船正向他驶来，他获救了。"这么长时间了都没有人发现我，你们是怎么知道我在这里的？"他问解救他的人员。"我们看见了你燃放的烟火信号，就顺着这个方向把船开了过来。"年轻人听后，简直不敢相信，那场大火虽然烧掉了他可以避风的小屋，但却使他摆脱了困境。

现实生活中，得与失总是难以界定的，有时得失就在瞬间。曾有人说："如果你不懂得悲伤，你就不曾真正明白快乐。"得失就是这样的关系。一个人不能骑两匹马，骑上这匹，就要丢掉那匹，有得必有失，人在生命之旅中总会面对种种得失，鱼和熊掌不可得兼时就要权衡轻重，得其所重，失其所轻，只要认清了这一点，就不至于因为失去而后悔，生活才能更快乐。

人生就是这样，得与失原本就是和谐而有韵律的，有小失就可能有大得，有局部之失就可能有整体之得。大地奉献了泥土和水分，草木才能有鲜花和果实；失去了春天的葱绿，却得到了丰硕的金秋；农民付出了汗水，土地才报以丰收的喜悦；树梢翩翩起舞，难道不是风的给予吗？鱼儿活蹦乱跳，难道不是水的给予吗？人失去了青春岁月，才能走进成熟的人生……得与失总是在每个人的心间徘徊，要想让自己年轻一点，有活力一点，就要保持一种坦然平静的心态，抛开得与失的束缚，远离是与非的羁绊，多一份纯真，少一份迷茫，人生才会更加精彩。

感悟淡泊：

一个人不能骑两匹马，骑上这匹，就要丢掉那匹，有得必有失，人在生命之旅中总会面对种种得失，鱼和熊掌不可得兼时就要权衡轻重，得其所重，失其所轻，只要认清了这一点，就不至于因为失去而后悔，生活才能更快乐。

淡

泊

5.用淡然的心态对待得与失

人生本来就是一个充满了戏剧性的过程，在得失之间徘徊不定的滋味，最令人惆怅无比。在这个世界上，人类生而获得，却无处不失落。既然得失是人生寻常事，那么，在得与失之间，我们就无须不停地徘徊，更不必苦苦地挣扎，我们应该用一颗平常心来看待生活中的得与失，要清楚什么对自己才是最重要的，然后主动放弃那些可有可无、无关紧要的东西，求得生命中最有价值、最需要、最纯粹的东西。要知道，人是不能什么都占为己有的，特别是不该得到的、不属于自己的东西，要主动"放弃"。不懂得"放弃"，终将自吞苦果。

世上的万物，从来就不会有绝对的利益，也不会有绝对的害处，得与失也是一样的道理。不能舍弃别人都有的，便得不到别人都没有的。英国的伟大诗人弥尔顿，最杰出的诗作是在双目失明后完成的；德国的伟大音乐家贝多芬，最杰出的乐章是在他的听力丧失以后创作的；世界级小提琴家帕格尼尼是个用苦难的琴弦把音乐演奏到极致的奇人。他们被称为世界文化史上三大怪杰，然而他们却一个是瞎子，一个是聋子，一个是哑巴，他们之所以获得了巨大的成就，就是因为他们有一颗平常心，不计较利害得失。

所以，当你身处逆境时，不要感叹自己的时运不济，命运多舛。要知道命运向来都是公正的，在这方面失去了，就会在别的地方得到补偿。得和失永远是并存的，这是一对永远也不可以分开的亲兄弟，关键是自己如何把握住机会，如何正确看待得和失这一辩证关系，让自己在失去的同时得到比失去的更多的好东西。用平常的眼光对待得与失，用淡然的心态对待得与失，当你想明白了，想透彻了，你就会有一种豁然开朗的感觉，似乎平时斤斤计较的那些得失，也已经变得很淡，久违的快乐也重新回到了你的身旁！

在生活中，有的"得"不是想得就能得的，有的"失"不是想失就可失去的；有的"得"是不能得的，有的"失"是不应失的。谁得到了不应得到的，就会失去应该拥有的。当嗜取者取得不义之财的同时，就失去了不应失去的心安。因此，当得者得之，当失者失之，坦然面对得失，得之，不要大喜，不可贪得无厌；失去，切勿大悲，不可灰心丧气。正确看待得失，要时常提醒自己，无论得到了什么，得到之后都有可能会失去。让自己在得到时懂得加倍珍惜，失去的时候也不至于无所适从，因为世间之物本来就是往来无常的，我们所能做、所应做的应该是在"得到"时珍惜它。

徐志摩的一本书，上面有这样一句话："得之，我幸；不得，我命。"既然命中早已注定因果循环，不妨试着让自己释怀。人生之得，当以知识之得为得，当以智慧之得为得，当以美好的亲情、爱情、友情之得为得，而拥有一颗真诚的心是获得的根本。特别要记住的是，勿不劳而获，勿贪得无厌，否则，你的生活就会失去和谐，你的人生就会失去重心。无论得失，重要的是无愧于心，无愧于人，唯有如此，才可以把握得失平衡，少些因得失而带来的困扰。

"不以物喜，不以己悲"，真可谓是一种难能可贵的境界。

坦然面对得失，需要一颗平常、淡然、感恩、博爱之心。能够坦然面对得失，才会快乐、幸福。

感悟淡泊：

用平常的眼光对待得与失，用淡然的心态对待得与失，当你想明白了，想透彻了，你就会有一种豁然开朗的感觉，似乎平时斤斤计较的那些得失，也已经变得很淡，久违的快乐也重新回到了你的身旁！

淡

泊

6.得意是失意之由，失意是得意之始

得与失在我们的心中，只有一线之隔，我们意以为得，就是得意；意以为失，就是失意。所以颜渊居陋巷，一箪食，一瓢饮，也能得意在其中。秦王政统一七国兼并天下，也能失意于其间。如此说来，得意何尝不是失意之由，失意又何尝不是得意之始呢？

人生无坦途，在漫长的道路上，谁都难免要遇上厄运和不幸。人类科学史上的巨人爱因斯坦，在报考瑞士联邦工艺学校时，竟因三科不及格落榜，被人耻笑为"低能儿"。小泽征尔这位被誉为"东方卡拉扬"的日本著名指挥家，在初出茅庐的一次指挥演出中，曾被中途"轰"下场来，紧接着又被解聘。为什么厄运没有摧垮他们？因为他们始终把荣辱看作是人生的轨迹，是人生的一种磨炼。他们明白，要想拥有快乐的人生，就要做到得而不喜，失而不忧，假如他们没有当初的厄运，也许就没有日后绚丽多彩的人生。

19世纪中叶，美国有个叫菲尔德的实业家，率领工程人员，要用海底电缆"把欧美两个大陆连接起来"。为此，他成为当时最受尊敬的人，被誉为"两个世界的统一者"。在举行盛大的接通典礼上，刚被接通的电缆传送信号突然中断，人们的欢呼声马上变为愤怒的狂潮，都骂他是"骗子""白痴"。可是菲尔德对于这些毁誉只是淡淡地一笑。他不做解释，只管埋头苦干，经过六年的努力，最终通过海底电缆架起了欧美大陆之桥。

菲尔德不仅是"两个世界的统一者"，而且是一个理性的胜利者。当他遇到难以忍受的厄运时，通过自我心理调节，然后作出正确的选择，从而在实际行动上显示出强烈的意志力和自制力，这就是一种理性的自我完善。

世上有许多事情是难以预料的，成功伴着失败，失败伴着成功，人本来就是失败与成功的统一体。人的一生，有如簇簇繁花，既有红火耀眼之时，也有暗淡萧条之日，面对成功或荣誉，要像菲尔德那样，不要狂喜，也不要盛气凌人，把功名利禄看轻些、看淡些；面对挫折或失败，要像爱因斯坦、小泽征尔那样，不要伤悲，也不要自暴自弃，把厄运羞辱看开些，这样就不会像《儒林外史》里的范进，中了举却变成了疯子。

人要有经受成功、战胜失败的精神防线。成功了要时时记住，世上的任何成功或荣誉，都依赖周围的其他因素，决非你一个人的功劳。失败了也不要一蹶不振，只要奋斗了，拼搏了，就可以无愧地对自己说："天空不留下我的痕迹，但我已飞过。"人生何必有那么多的遗憾？得之不喜，失之不忧，才是最好的人生态度。

感悟淡泊：

现实生活中，许多成功者都是因为做到了得而不喜、失而不忧，所以才能战胜坎坷和厄运，拥有多彩的人生。我们是不是也应该像他们一样，用坦然的态度面对得失呢？

7.春风得意时，万万不可骄傲

成功和失败是可以相互转换的。取得了胜利，要善于保持，要掩饰住胜利带来的喜悦，不能失去冷静，更不可恃强而骄，否则骄傲情绪一旦产生，失败也会接踵而至。

东晋建元年间，前秦王苻坚在统一了北方后，令其弟苻融率步、骑兵25万为前锋，自率步兵60万、骑兵27万，水陆并进，开始了对东晋的大举进攻。苻坚当时曾不无得意地说："我这么多的人马，即使把马鞭子投在江里，也能叫江水断流！"

东晋在前秦的攻击下，徐州、英城相继攻陷。苻融的前锋又很快攻下了寿阳，东晋的形势十万火急。晋孝武帝司马阳如坐针毡，建武将军谢玄果断请战。孝武帝便命谢玄为前锋，率领八万大军前去迎战。谢玄命将领胡彬带领5000人增援寿阳，命刘牢之率领精兵5000人直捣洛涧，自己与叔父谢石率大军阻击苻坚。刘牢之骁勇善战，在怀远大败前秦军，首战告捷；但增援寿阳的胡彬军受挫，只好退守硖石，并写信向谢玄求援，可是书信被秦军截获。苻坚见信后，误以为东晋军已经不堪一击，便留大军于项城，自率轻骑兵8000人，赶到寿阳与苻融对战。苻坚派东晋降将朱序到晋营来劝降。朱序原为梁州刺史，镇守襄阳，襄阳被前秦军攻破，兵败被俘，但他心向东晋。朱序到了晋营，便把秦军的虚实全部告诉了谢玄等人。谢玄向朱序授计道："如果秦军退据淝水西岸，等待聚齐才进攻，那么，敌众我寡，我们难以取胜。我们决定主动寻找战机，速战速决。你回去后，设法使秦军军心涣散，动摇他们的军心；针对大部分汉人心向东晋的思想，鼓励他们率部投诚，做个内应，至少不抵抗晋军。"

谢玄送走朱序，命谢石、刘牢之等率得胜之师占据淝水东岸；苻坚占据淝水西岸，两军夹淝水列阵。谢玄派使者转告苻坚说："双方隔淝水而战，打起仗来不方便，请秦军在淝水西稍作退却，晋军愿到淝水西岸与秦军决一死战。"

苻坚的部下认为："应该把敌军阻在淝水东岸，等我军云集后，再渡河消灭晋军，这才是万全之策。"但苻坚求胜心切，企图乘晋军半渡时，下令猛攻，全歼晋军于泥水之中，于是下令撤退。可是，秦军士卒不明白撤退的意图，误认为秦军失败了，便盲目地骚动起来。朱序见时机成熟，便在军中大声呼喊："秦军失败了！秦军失败了！"秦军顿时大乱。

秦军中愿意作战的氐族人很少，其他族人都不愿作战，带头逃跑。大部队一混乱，再也制止不住。不少汉人在朱序的策动下，又兵变倒戈。这时，谢玄率领晋军，趁势迅速渡水进攻。秦军主将苻融亲自出马，想去阻止后退的秦军，结果坐骑被挤倒，被晋军所杀。苻坚也中箭负伤，单骑北逃，秦军大败。

苻坚原本占尽优势，但由于过分骄傲，轻敌妄动，获得一点胜利就立马自得起来，可见，取得一点成功就得意忘形，失败就紧随而来了。

作家王蒙说，一个人要做出点成绩并不难，难的是能够以一种低调的姿态来看待自己的成绩，不骄傲，不炫耀。事实也确实如此，如果我们刚刚取得胜利，就被这一点点胜利冲昏了头脑，必然导致最终的失败。

美国著名的指挥家、作曲家沃尔特·达姆罗施二十几岁就当上了乐队指挥。刚开始时，他有些头脑发热，忘乎所以起来，自以为才华横溢，没人能取代自己指挥的位子。直到有一天排练，他把指挥棒忘在家里，正准备派人去取，秘书说的一句"没关系，向乐队其他人借一根就行"把他搞糊涂了，他暗想："除了我，谁还可能带指挥棒？"

但当他问"谁能借我一根指挥棒"时，大提琴手、首席小提琴手和钢琴手分别从他们的上衣内袋里掏出了指挥棒，递到他面前。他一下子清醒过来，并意识到自己并不是什么必不可少的人物。原来很多人一直都在暗暗努力，时刻准备取代自己！

从那以后，每当他飘飘然的时候，就会看到三根指挥棒在眼前晃动。

当今社会瞬息万变，当你春风得意、称心如意时固然应该庆幸，但绝对不能骄傲，因为事物总处于变化中，快乐是相对的，也可能是暂时的。不要为一时的成功而过于陶醉，更不能忘乎所以、得意忘形。记住，得意是失意的根源，失意恰是得意的基础。

感悟淡泊：

作家王蒙说，一个人要做出点成绩并不难，难的是能够以一种低调的姿态来看待自己的成绩，不骄傲，不炫耀。事实也确实如此，如果我们刚刚取得胜利，就被这一点点胜利冲昏了头脑，必然导致最终的失败。

卷四
期待过多生烦恼，要知足

　　淡泊就是要有一种知足的心态。快乐不是拥有得多，而是苛求得少。知足是快乐的基础，不知足则会陷入无穷的期许之中，又常常因为求之不得而痛苦。当然，我们所提倡的"知足"，并非是满足于当下的生活，不思进取、碌碌无为，而是一种相对的知足，即对当下的人生予以肯定，满足于当下的获得与快乐。有了这样的满足感，何愁没有自在的生活呢？

1.不要祈求这世界平白无故给你太多

日本作家川端康成自获诺贝尔奖之后，受盛名所累，常被官方、民间，包括电视广告商人等拉着去做这做那。文人难免天真，不善应酬；又心慈面薄，不会推托；做事也过于认真，不懂敷衍。于是陷入忙乱的俗事重围，不知如何解脱，终于自杀，了此一生。据报道，川端临终前，曾为筹措一笔经费而心力交瘁。情绪十分低落，可能是促使他厌世自杀的原因之一，这应当不是妄测之词。

固然，对一位作家来说，能获得诺贝尔奖，这口井已经算是凿得够深了。但如果他不被卷入烦倦不堪的琐事，而依然能宁静度日，以他的智慧，或可有更具哲理的创作留传于世。

《湖滨散记》的作者梭罗，为了要写一本书而去森林中度过了两年隐士生活。他自己种豆和玉米为食，摆脱了一切剥夺他时间的琐事俗务，专心致志去体验林间湖上的景色和他心灵所产生的共鸣，从中发现了许多道理而完成了这本名著。

一个人的精力有限，时间有限，在有生之年，把握住自己真正的志趣与才能所在，专一地做下去，才可能有所成就。

不但要有魄力，而且要有判断力，摆脱其他外务的干扰和诱惑，不为一切名利权位等虚荣而中途改道。这样，才能促成一个人事业的辉煌。

每个人都有失望和不满的时候，不是你的希望没有实现，就是他的欲望没有满足。每当这时，我们不是怨天尤人，便是破罐子破摔，却很少坐下来仔细地想一想我们为什么一定要有不满和失望。活着，我们不要奢求太多。

我们来到这世上时，本来就是赤条条的，一无所有，是上苍赋予了我们生命、亲友以及思想和财物等等，上苍待我们何厚？使我们拥有了这么多，又占据了这么多。可是我们却从来也没有满足过，依然在祈求着上苍为我们降下更多的甘霖。

然而，生活不可能也不会按照我们的需求来十足地供应我们，于是，我们便失望了，我们便不满了。

世界对于每一个活生生的人来说，都是公平无二的。有耕耘才有收获，有奋斗才有成功，有付出才有得到。你想花一分的代价去换回十分的成果，那是永远也不可能的。所以，我们永远都不应该祈求这世界平白无故地就给我们太多。

生命在于奋斗，人生在于积累。不要奢求，只有一点点就已经足够了。每天一点点，每月一点点，每年一点点，几年下来，我们就已经得到了很多很多，那么一辈子下来，我们就已经变成了一个拥有整个世界的大富翁了！

不要奢求太多，太多了，生命就会显得过于沉重，就会感到人生因缺少遗憾而懒于去追求；不要奢求太多，太多了，人生就会显得过于臃肿，你就会感到你所拥有的一切都是负累，因无法带得动而终生不能轻松。

这世间，美好的东西实在数不过来，我们总是希望得到很多，让尽可能多的东西为自己所拥有。

人生如白驹过隙，在感叹拥有和失去之间，生命已经不经意地流走了。

　　拥有时，倍加珍惜；失去了，就权当是接受生命真知的考验，权当是坎坷人生奋斗的付出。

　　欲望太多，反成了累赘，还有什么比拥有淡泊的心胸更能让自己充实、满足的呢?

感悟淡泊：

　　任何奢望都是不应该有的，天上不会掉馅饼，地上也不会长钞票。实在地做事，淡泊地做人，平常地对待每一个时日，你才会拥有一份踏踏实实的成功。

2.人生在世，何惧放弃

一天，有位大学教授特地向日本明治时代的著名禅师南隐问禅。南隐以礼相待，却不说禅，他将茶水注入这位来客的杯子，杯子已满却还在继续注入。

这位教授眼睁睁地望着茶水不停地溢出杯外，终于不能沉默了，大声说道："已经溢出来了，不能再倒了。"

"你就像这杯子，"南隐答道，"里面装满了你自己的看法，你不先把自己的杯子倒空，让我如何对你说禅？"

有时候，如果我们只抓住自己的东西不放，就很难接受别人的东西。特别是现代社会，人变得越来越贪婪，有些人什么都不愿放弃，结果却什么也得不到。

对于高人来说，放弃不是失败，是智慧。

学会放弃，是放弃那种不切实际的幻想和难以实现的目标，而不是放弃为之奋斗的过程和努力；是放弃那种毫无意义的拼争和没有价值的索取，而不是丧失奋斗的动力和生命的活力；是放弃那种对金钱地位的搏杀和对奢侈生活的创造，而不是失去对美好生活的向往和追求。

两个朋友一同去参观动物园。动物园非常大，他们的时间有限，不可能把所有动物都参观到。他们便约定：不走回头路，每到一处路口，选择其中一个方向前进。第一个路口出现在眼前时，路标上写着一侧通往狮子园，另一侧通往老虎山。他们琢磨了一下，选择了狮子园，因为狮子是"草原之王"。又到一处路口，分别通向熊猫馆和孔雀馆，他们选择了熊猫馆，熊猫是"国宝"嘛……

他们一边走一边选择。每选择一次，就放弃一次，也遗憾一次。但他们必须当机立断，若犹豫不决，时间不等人，他们失去的将更多。只有迅速作出选择，才能减少遗憾，得到更多的收获。

心理学家做过一个实验：将一条饥饿的鳄鱼和一些小鱼放在一个小箱的两端，中间用一块透明的玻璃板隔开。刚开始，鳄鱼毫不犹豫地向小鱼发动进攻，它失败了。但它毫不气馁，接着，它又向小鱼发动第二次更猛烈的进攻，它又失败了，并且受了伤。它还要进攻，第三次，第四次……多次进攻无望后它再也不进攻了。这时候，心理学家将隔板拿开，鳄鱼仍然一动不动，它只是无望地看着这些小鱼在自己的眼皮底下悠闲地游来游去。它放弃了所有的努力，最终被活活饿死。

一只蝴蝶从敞开的窗户飞进来，在房间里一圈一圈地飞舞，有些惊慌失措。显然，它迷路了，左冲右突努力了好多次，都没有飞出房子。

这只蝴蝶之所以无法从原路飞出去，原因是它总在房间顶部的空间寻找出路，而绝不肯往低处飞，其实低一点的位置就是敞开的窗户。甚至有好几次，它都已经飞到高于窗户顶部至多两三寸的位置了，可就是不肯再飞低一点！最终，这只不肯低飞一点的蝴蝶耗尽了气力，奄奄一息地落在桌子上，就像一片毫无生气的叶子。

有一首老歌，歌词最后几句是这样的："原来人生必须要学会放弃，答案不可预期；原来结果最后才能看得清，来来回回何必在意。"是啊！人生在世，何惧放弃。

人，正因为不懂得舍弃才会有许多痛苦。当有了舍弃和清扫自己的智慧时，就会豁然开朗，生命会马上向你展现出另外一番截然不同的景致。

面对纷繁复杂的世界和物欲横流的社会，懂得放弃的人，是会用乐观、豁达的心态去对待没有得到的东西的，他们每天都有快乐和愉悦的心情伴随左右。而不懂得放弃的人，只会焦头烂额地乱冲，他们不仅最终未能达到目标，而且每天都陷于得失的苦恼之中。

也许放弃在当时是痛苦的，甚至是无奈的选择。但是，若干年后，当我们回首那段往事时，我们会为当时正确的选择感到自豪，感到无愧于社会、无愧于人生。也许正是当年的放弃，才能到达今天的光辉极顶和成功彼岸。

电影《卧虎藏龙》里有一句很经典的台词：当你紧握双手，里面什么也没有，当你打开双手，世界就在你手中。很多时候我们都应该怀一颗淡泊心，懂得舍弃，生活中鱼和熊掌能兼得的时候很少，每一次放弃是为了下一次得到更多的回报。

感悟淡泊：

人生莫不如此，有所失才会有所得。左右为难的情形会时常出现：比如面对两份同具诱惑力的工作、两个同具诱惑力的追求者。为了得到"一半"，你必须放弃另外"一半"。若过多地权衡，患得患失，到头来将两手空空，一无所得。我们不必为此感到悲伤，能抓住人生"一半"的美好已经是很不容易的事情了。别太贪多，学会淡泊，如此才能卸下人生的种种包袱，轻装上阵，迎接美好的生活。

3.放慢脚步，平静地对待忙碌

作为繁忙的都市人，你有多久没有躺卧在草地上凝望苍穹，望天上云卷云舒，看夜空繁星闪烁了？你有多久没有亲近大地观草木荣衰了？你有多久没有陪家人朋友共享一顿丰盛的烛光晚餐了？很久了吧，对不对？

现代人太忙了，忙碌烦躁，是多数人生活的写照。每天总是忙、忙、忙，越忙碌就越觉得生活茫然。不知为何要这么忙，却又总是忙、忙、忙。于是，盲目、忙碌、茫然，成天游来荡去；累了，烦了，却还是摆脱不了。忙碌仿佛成了一种惯性，而一旦脱离了这种惯性，整个人又似没有了魂的幽灵，整天晃来荡去不知所措。偶尔工作的余暇有片刻的松懈，又仿佛是偷来的快乐，不敢受用。

商界一个名人在接受访问时说道："我每天工作超过18个小时，常常是连吃饭的时间都在工作。"而此人得到的结果竟是吃了几场官司，坐了一次牢狱，并最终于47岁英年早逝。虽然累积了几亿元财富，但在世时他得到的似乎仅仅是忙碌和烦躁而已。

美国时间专家格斯勒所说："我们正处在一个把健康卖给时间和压力的时代。而且这种变卖是不需要任何契约的，以一种自愿的方式把我们的健康甚至幸福抵押出去。"美国著名心理学家约翰·列夫说："当我们正在为生活疲于奔命的时候，生活已经远离我们而去。"无休止的快节奏生活给予我们物质回报的同时，也带给我们心灵的焦灼、精神的疲惫和健康的每况愈下。

忙碌已非一种状况，而成了一种习惯。没有人喜欢忙碌，但不忙碌又害怕自己会落伍，会被社会所淘汰。对于大多数人来说，淘汰的危机与发展的危机并存，因此许多人都处在不穷也不富的尴尬阶段，放弃工作便一穷二白，停下脚步便身心皆空。于是，只能马不停蹄地向前奔，只能用透支体力作为生命中唯一的本钱，为"希望中的未来"而辛苦奔波。

没见过一块发条永远上得十足的表会走得长久，没见过一辆马力经常加到极限的车会用得长久，没见过一根绷得过紧的琴弦不易断，也没见过一个心情日夜紧张的人不易得病。人们在尘世的喧嚣中日复一日地进行着各自的奔波劳碌，像蜜蜂般振动着生活的羽翅，难免会有种种不安。所以，我们何不放慢脚步，静下心来想想，每分每秒的忙碌，除了累坏了身体、增加了脸上的皱纹外，我们又得到了什么？细细品味其中的甘苦，只要我们平静地对待忙碌，适时放慢生活的脚步，轻松地放飞自己的心灵，就会发现，其实，生活中除了工作之外，还有很多美好的东西在向我们招手。

花开花谢总要有个生命的周期，花开时尽情美丽，不开花时默默孕育。奔波劳苦中记着放慢脚步，低头欣赏一下路边的花草，抬头看一下远处的风景，细心体会一下生活的乐趣，这会让你走得更好、更远。

放慢脚步，其实是一个养精蓄锐的过程。

如果你是一个"加速狂"而因此想试着慢下来，你可能会冲动地突然整个都慢下来，希望看到立竿见影的效果。但改变需要时间，并且永远都不是一件容易的事情，这其中必然会有一个不适应的阶段。因此，我们放慢的脚步应该不要太快，免得自己一下子适应不了。

淡泊的人生快乐多——人生诱惑太多，你要学会淡泊

其实，适当地放慢生活的脚步并不意味着不积极进取，一个不会调适自己的人也绝对不可能是成功的人。就像一根弹簧，如果绷得太紧，到最后只会断掉，人也是一样。

感悟淡泊：

花开花谢总要有个生命的周期，花开时尽情美丽，不开花时默默孕育。奔波劳苦中记着放慢脚步，低头欣赏一下路边的花草，抬头看一下远处的风景，细心体会一下生活的乐趣，这会让你走得更好、更远。

4.随欲望纵情，就会成为欲望的俘虏

欲望无边，凡事要有度。我们才是欲望的掌控者，如若我们控制不住，随欲望纵情，一不小心就会成为欲望的俘虏。当我们耗费精力去满足这些欲望却难以如愿或者得不偿失，这才是最可悲的。

一天，一位方丈下山游说佛法。在一家店铺里看到一尊释迦牟尼像，形体逼真，神态安然。方丈大悦，心想若能带回寺里，开启其佛光，永世供奉，真乃一件幸事。

老板见方丈如此钟爱，开口要价5000元，分文不能少。

方丈回到寺里谈起此事，众僧问方丈打算以多少钱买下它。方丈说："500元足矣。"众僧觉得不可思议："那怎么可能？"方丈说："天理犹存，当有办法，万丈红尘，芸芸众生，欲壑难填，则得不偿失啊。我佛慈悲，普度众生，当让他仅仅赚到这500元！"众僧不解地问："怎样度他呢？""让他忏悔。"方丈笑答。众僧更不解了。

众僧按照方丈的吩咐乔装打扮一番。第一个弟子下山和店铺老板砍价，弟子咬定4500元，未果回山。第二天，第二个弟子下山去和老板砍价，咬定4000元不放，亦未果回山。就这样，直到最后一个弟子在第九天下山时所给的价已经低到了200元。老板眼看着一个个买主，一天天下去，价格给得一个比一个低，心里很是着急，每一天他都后悔不如以前一天的价格卖给前一个人，他深深地埋怨自己太贪心。到第十天时，他在心里说，今天若再有人来，不管给多少钱都要立即出手。第十天，方丈亲自下山，说要出500元买下它，老板高兴得不得了，竟然又反弹到了500元，当即出手。方丈得到了那尊铜像，单掌作揖笑曰："欲望无边，凡事有度，一切适可而止啊！善哉，善哉……"

欲望是人的本能。我们的行为都是在欲望的驱使之下，欲望过重，超过负荷，就难以高飞；欲望过多，分散精力，就无所作为。

既然我们避免不了欲望，那么就要学会管理它。首先欲望要合乎情理，不能违背道德；其次欲望要在法律范畴内，不能用违法行为来满足；再次欲望要有节制，不能放纵欲望、随心所欲。

当然，欲望有良性的，也有恶性的。如果一个人没有任何欲望，也是不现实的。正常的欲望可以成为一个人努力追求更美好生活的动力和目标，只有有了这种追求的目标，才能在以后的生活中有奋斗的动力，在这种良性欲望的驱动下，人们会越来越有方向感，生活也会越来越有滋味，越来越精彩。可是如果陷入了恶性欲望之中，就会变得好高骛远，甚至不惜触犯法律法规去获得那些不现实的东西。这样，不但不会得到，反而会失去很多，甚至是自己的自由和生命。这样的例子也并不少见，多少人为了满足自己的那点欲望，伸出了罪恶的手，最终把自己送上了法律的审判台。多少人为了满足自己的那点"爱好"，成为犯罪分子的帮凶，也成为了他们罪恶的挡箭牌……这样的例子实在是不胜枚举。

所以，人们一定要分清奋斗目标和恶性欲望，该拿的努力拿好，不该奢望的就绕道而行，不要让欲望的灯刺伤你的双眼，灭掉那盏欲望的灯，让你的人生拥有一片宁静。

感悟淡泊：

既然我们避免不了欲望，那么就要学会管理它。首先欲望要合乎情理，不能违背道德；其次欲望要在法律范畴内，不能用违法行为来满足；再次欲望要有节制，不能放纵欲望、随心所欲。

5.舍弃喧嚣浮华，学会享受生活

现实中，有些人之所以感觉不出生活的乐趣，是因为他们常常不懂得如何去忙中偷闲，不知道怎样去享受生活，他们不会去发现生活中的每一处美好，更不懂得珍惜生命赋予自己的每一分美好，不能在有限的生命时光里尽情享受生活，以乐观的、积极的、精神饱满的、斗志昂扬的心态面对生活。相反，他们总会以悲观、消极、痛苦、困惑、迷惘的表情去对待生活，而这是不可取的，我们需要做的是享受生活。

会享受生活的人都是愿意舍弃喧嚣浮华的人。他们追求简单，喜欢自由。

晋代的陶渊明，天性爱自然，感觉在官场上就像池中鱼、笼中鸟一般。终于有一天，他不肯为五斗米而折腰，罢官而去。从此，采菊东篱下，种豆望南山，虽清贫却自得其乐。

唐代的李白，为了精神快意自由，毅然远离京都，"且放白鹿青崖间，须行即骑访名山"，"安能摧眉折腰事权贵，使我不得开心颜"。

宋代的苏东坡，一生贬谪四方，历尽波折。刚到密州时，那里连年收成不好，盗贼成群，他与亲人常以野菜作口粮。人们认为他过得肯定不快活。一年后，他竟胖了，白发有的也变黑了。东坡说："这里风俗淳厚，易于管理。我常登临山水，种菜捕鱼酿酒，乐在其中。"

学会享受生活，并不是意味着去花天酒地，过懒汉的生活，吃了睡，睡了吃；也不是要我们不思进取，不去辛勤耕耘；更不是说要我们停留在原有的成绩与功劳簿上，不再奉献，不再付出。相反，它是要我们在尽情地享受前人创造的一切美好的基础上，不断开拓，创造出更大的成就。

享受生活，是要我们尽情地吃好、玩好、休息好，养好自己的身体，调整好自己的心态，让自己保持健康积极的状态，以更大的热情和精力投入到工作生活中去。愉快地工作，也愉快地休闲。散步、登山、垂钓或干脆就坐在草地上或海滩上晒太阳。在做这一切时，使杂念中断，使烦恼消散，使灵性回归。

人的一生中什么最重要？答案是健康和快乐。很多人为了事业而奔波劳累，可毕竟我们不是机器，我们需要停下来休息，所以要做到劳逸结合，要知道，工作是永远做不完的。你可以在工作的同时抽出一定的时间，去陪陪家人，去逛逛超市，转转书店，去大自然中走走，给朋友打个电话，叙叙旧；要么泡一杯香茗，一边慢饮一边欣赏优美的乐曲、动情的电视剧、皎洁的月光……那该是怎样惬意的美事啊！

感悟淡泊：

不要追求奢侈的日子，更不要追求糜烂的生活，要学会像品尝美酒和蜂蜜一样地对待生活。美酒一顿两顿喝足了，就会伤胃口；好日子一天两天过完了，就再也感觉不到日子的甜美。要知道时光恒久，享受是一辈子的事，快乐地生活到老才是真正的享受。

6.从尽善尽美的诱惑中摆脱出来

　　有一个地主非常幸运地获得了一颗硕大而美丽的珍珠，然而他并不感到满足，因为那颗珍珠上面有一个小小的斑点，他想，若是能够将这个小小的斑点剔除，那么它肯定会成为世界上最珍贵的宝物。

　　于是，他就下狠心削去了珍珠的表层，可是斑点还在；他又削去第二层，原以为这下可以把斑点去掉了，然而它仍旧存在。他不断地削去了一层又一层，直到最后，那个斑点没有了，而珍珠也不复存在了。后来，这个地主心疼不已，从此一病不起。临终前，他无比懊悔地对他的家人说："如果当时我不去计较那一个斑点，现在我的手里还会攥着一颗美丽的珍珠啊！"

　　生活中总是有这样的人，他们对任何事物都要求严苛，尤其对自己所拥有的东西，更是不允许有半点不好。其实人追求优秀是应该的，那是上进的表现，但若把优秀等同于完美，这便犯了一个严重的错误。

　　世上没有完美的事物，完美这个词本身就是一个幻想，所以，一定要舍弃追求完美的念头，别因追求完美影响了自己的发展。有时候，缺憾中也蕴藏着机遇。

　　一个国王有七个女儿，这七位美丽的公主是国王的骄傲。她们乌黑靓丽的长发远近闻名，所以国王送给她们每人100个漂亮的发夹。

　　有一天早上，大公主醒来，一如往常地用发夹整理她的秀发，却发现少了一个发夹，于是她偷偷地到了二公主的房里，拿走了一个发夹。其他公主如法炮制拿走了别的公主的发夹，只有七公主没有像她的姐姐们那样做。

隔天，邻国英俊的王子忽然来到皇宫，他对国王说："昨天我养的百灵鸟叼回了一个发夹，我想这一定是属于公主们的，而这也真是一种奇妙的缘分，不晓得是哪位公主掉了发夹？"

公主们听到了这件事，都想说："是我掉的，是我掉的。"可是头上明明完整地别着100个发夹，所以都懊恼得很。只有七公主走出来说："我掉了一个发夹。"话才说完，一头漂亮的长发因为少了一个发夹，全部披散了下来，王子不由得看呆了。故事的结局，当然是王子与七公主从此一起过着幸福快乐的日子。

100个发夹就像是完美圆满的人生，少了一个发夹，这个圆满就有了缺憾；但正因缺憾，未来就有了无限的转机、无限的可能性，这何尝不是一件值得高兴的事！

我们的惯性思维是一有遗憾就拼命补足，从不肯让自己有一丝落在人后，并拼命使自己看起来完美。这样，我们既虚伪又活得累。

心理学研究证明，试图达到完美境界的人与他们可能获得成功的机会恰恰成反比。追求完美给人带来莫大的焦虑、沮丧和压抑。事情刚开始，他们就在担心着失败，生怕干得不够漂亮而辗转不安，这就妨碍了他们全力以赴去取得成功。而一旦遭到失败，他们就会异常灰心，想尽快从失败的境遇中逃避开。他们没有从失败中获取任何教训，而只是想方设法让自己避免尴尬的场面。

那么，如何从追求尽善尽美的诱惑中摆脱出来呢？

第一，学会接纳有缺陷的现实。

俗话说："金无足赤，人无完人。"人生确实有许多不完美之处，每个人都会有这样那样的缺憾，真正完美的人是不存在的，世上也没有十全十美的事物，每一件事都有其好坏两面，欣赏好的一面的同时也不要故意漠视缺陷的存在。完美的标准是相对而言的，因人的审美观不同而不同，有时候，残缺也是一种美。

世界并不完美，人生当有不足。留些遗憾，反倒可以使人清醒，催人奋进，这是好事。没有皱纹的祖母最可怕，没有遗憾的过去无法链接人生。

第二，适当降低对自己的要求，学会放松。

合理地设置目标，不要好高骛远，也要学会接受不如己意的结果。

第三，对自己的潜能有个正确的评估。

既不要把自己的能力估计得太高，更不必要过于自卑。有一分热发一分光。你如果事事要求完美，这种心理本身就会成为你做事的障碍。不要在自己的短处上去与人竞争，而是要在自己的长处上培养起自尊、自豪。

如果只想尽善尽美，最终常常是两手空空。人世间的许多悲剧，正是因为一些人热衷于追求虚无缥缈的最完美，而忽视平淡的生活。其实平淡中往往也蕴含着许多伟大与神奇，关键是你选择以什么样的态度面对它。

感悟淡泊：

追求完美常常让人陷入痛苦之中，因为完美本身就是一个幻想，所以，千万要舍弃追求完美的念头，别因追求完美影响了自己的发展，留下人生的遗憾。

7.世间诱惑太多，你要学会淡泊

诱惑是童年时放飞的风筝，是年轻时天荒地老的誓言，是三十而立时无底洞般的金钱欲，是不惑之年步步高升的官职，也许到了古稀之年，诱惑便成了一场隆重的金刚石婚礼……

看来，人到老仍不满足，而诱惑就存在于不满足之中，这便组成了人生。

佛家修行中有这样一个故事：

一日，洞山禅师问云居禅师："你爱色吗？"

云居正在用竹筐筛豌豆，听到洞山这样问，吓了一跳，筐里的豆子也撒了出来，滚到了洞山的脚下。洞山笑着弯下腰去，把豌豆一粒一粒地捡了起来。

云居禅师耳边依然回响着洞山禅师刚才说的话，他不知道该怎么回答，因为这个问题实在是没有办法回答。

"色"包含的范围太大了！女色、颜色、脸色……

穿衣服挑颜色吗？享受佳肴美酒时看重菜色、酒色吗？选宅第房舍注意墙色吗？做事看别人的脸色吗？贪恋黄金白银吗？恋慕妖艳美丽的女色吗？

云居禅师放下竹筐，心中还在翻腾。他想了很久才回答道："不爱！"

洞山一直在旁边看着云居受惊、闪躲、逃避，他惋惜地说："你回答这个问题之前想好了吗？等你真正面对考验的时候，是否能够从容应对呢？"

云居大声说："当然能！"然后他向洞山禅师的脸上看去，希望能得到他的回答，可是洞山只是笑，没有任何的回答。

云居禅师感到很奇怪，反问道："那我问你一个问题行吗？"

洞山说："你问吧！"

云居问："你爱女色吗？当你面对诱惑的时候，你能从容应对吗？"

洞山哈哈大笑地说："我早就想到你要这样问了！我看她们只不过是美丽的外表掩饰下的臭皮囊而已。你问我爱不爱，爱与不爱又有什么关系呢？只要心中有自己坚定的想法就行了，何必要在乎别人怎么想！"

色即是空，空即是色。眼中有色，心中无色，才能坦然地面对世间的各种诱惑，云居禅师不敢直接说出心中所想，说明他内心还在挣扎，抵制诱惑的能力比洞山禅师差了一大截。心中还有色，所以才不能正面回答。

修行中人尚且如此，何况普通人呢？

人的一生诱惑太多，金钱、美色、地位、名誉……

如果没有内心的淡泊，必然抵御不了诱惑的袭击。

有个小故事：一位年轻人问老者："怎样才能成功地攀登到梦想的山巅？"老者微微一笑，从地上捡起一张纸，叠只小船放进身边的小河，小船不急不躁，借着水流一声不吭地驶向远方，途中鲜花向它搔首弄姿，它不为所动，默默前行。

"因私谋金钱而驻足，因贪恋美色而沉沦，因攫取地位而毁灭，因渴求名誉而浮躁，故难以像小船一样，不为诱惑所动，向着目标默默前行，这就是有些人做事半途而废的原因。"老者说。年轻人恍然大悟，打点起行囊迎着风向山顶爬去。

诱惑，是鱼钩上令人垂涎欲滴的香饵，殊不知其后却躲着心怀叵测的渔夫；诱惑，是陷阱里让人食欲大增的肥肉，谁曾想那旁边却藏着虎视眈眈的猎人。

古往今来，多少人在巨大的诱惑面前无力招架，拜倒在其石榴裙下，身败名裂。

"战士军前半死生，美人帐下犹歌舞"的南唐后主李煜，终日沉溺于美酒佳人，忘情于吟诗作赋，醉生梦死，终于国破家亡，做了个"违命侯"。吴三桂，无力抵御红颜的诱惑，引清兵入关，"扬州十日，嘉庆三屠"是何等惨烈，而吴三桂的冲冠一怒引来后人多少唾骂。由此可见，诱惑足以亡身破国灭族，实在是可悲可叹，令人警醒。

禁不住诱惑的人很多，但不为诱惑所动的也大有人在，如晋朝的大诗人陶渊明，宁东篱采菊而不入尘网，恐怕只有那份淡守吧！诗仙李白，能够在金銮殿上让高力士脱靴，杨贵妃研墨，足见其能耐之大，按理荣华富贵应不缺，可这个人却大呼着"我辈岂是蓬蒿人"，"天子呼来不上船，自称臣是酒中仙"。为什么呢？应该与那份不为爵位所动，不为权势而摇的淡定有关吧，不然，又怎能留下那么多广为流传的千古名句呢？

"诱惑"——一个魔鬼般邪恶的字眼，它毁灭了多少人的希望和梦想。金钱、美色、权势等，让多少人心甘情愿地步入它所设的圈套。

有一则古代寓言说：一群猩猩嗜好喝酒，又喜爱穿上木屐学人走路。猎人为了捕捉它们，就在树林里摆上了米酒和木屐"恭候"。猩猩始见，破口大骂曰："诱我也！"坚决不予理睬。但经不住酒味的诱惑，便开始小口"尝试之"，结果一发而不可止，个个喝得酩酊大醉，乖乖地束手就擒。

生活中，这样的猎手太多了，保留一颗淡泊的心，保持一份纯净，你才不会成为诱惑的"猎物"。

色即是空，空即是色。眼中有色，心中无色，才能坦然地面对世间的各种诱惑。滚滚红尘身边过，心定不留一缕风！

感悟淡泊：

诱惑，是鱼钩上令人垂涎欲滴的香饵，殊不知其后却躲着心怀叵测的渔夫；诱惑，是陷阱里让人食欲大增的肥肉，谁曾想那旁边却藏着虎视眈眈的猎人。

8.平淡才是生活中不可缺少的底色

时下，社会浮躁，人心更是浮躁，太多人被所谓的成功学鼓吹得像"打了鸡血"般追求轰轰烈烈的生活。殊不知，平淡才是生活中不可缺少的底色。

在现实生活里，平淡总是多于辉煌。谁能善待平淡，谁就能把握住生活的真谛，当机会来临时，才能"于无声处听惊雷"。

与平淡形成强烈反差的是开放中的"热烈"。追求物质上的富足与事业上的辉煌，争取人生中的精彩，都不是坏事。但不管是教书的还是种田的，都冲着"富起来"而去，后果且不论，眼下的国家安全由谁来保？学生由谁来教？治安由谁来管？庄稼由谁来种？没有安于平淡，"热烈"就可能陷于混乱。

事业需要平淡。保家卫国的事业是辉煌的，而这辉煌的事业，是曰千千万万个近似平淡的战士用千千万万个近乎乏味的日子组成的。没有平淡的战士，没有乏味的日子，就没有那辉煌的事业。

社会需要平淡。一天，有位老教师遇见了当年的学生，学生诚邀他去自己主管的公司当"顾问""董事"，声言"挂名"而已，待遇"从优"。在涌动的市场经济浪潮面前，他却谢绝说："即使人生真如一盘棋，我也不打算'悔棋'了。我将怡然终老于教师这一小卒的岗位上，一如既往地舌耕和笔耕。"社会正是由于有像这位老教师一类安于平淡的人，才捧托出了江山代有人才出的辉煌。

人生需要平淡。人生是个三角形，辉煌是三角形的顶尖，平淡是三角形的底边。换句话说，人生三角形的底边不是财富，不是名利，只是做事业的平常心。安于平淡，才能倾心于事业；倾心事业，方能创造出人生的辉煌。

成功需要平淡。"天才棋手"李昌镐之所以年纪不大却在世界棋坛上光芒四射，不仅因为他能"青出于蓝而胜于蓝"，还因为他有一种"平常心"，即在下棋时能够排除私心杂念，专注于棋艺的发挥，不患得患失，名利输赢皆为"心"外之物，从而攀登上一种高境界。当今，不论自己奋斗在什么领域里，少想一点名利得失，排除一下过度的诱惑，也许正是获取成功的奥妙。

当今社会为人提供了施展才华、实现人生价值的舞台，很多人都想有精彩的表演，这无可厚非。但如果看不清自己，放弃平淡与朴素，盲目跟着"高潮"走，那是十分可悲的，因为在"高潮"中有弄潮的，也有被潮水淹没的。

急欲发展经济的中国，需要冷静；急欲先富起来的人，也需要冷静。在滚滚商潮的冲击之下，人们更需要淡定前行。要保持理智，要对自己、对别人、对今天和未来进行洞悉把握。明白自己只是一个平常人，以平常人的平常心去体味平淡，方能品出生活的真味。

精彩和辉煌，隐于平淡中，现于一瞬间，平淡才是长久的。安于平淡，才能积累出瞬间的精彩；辉煌消失后，要安心复归于长时的平淡，只有这样，才有真正的自我，才有成熟的选择，才有迎接挑战的能力。

感悟淡泊：

在现实生活里，平淡总是多于辉煌。谁能善待平淡，谁就能把握住生活的真谛，当机会来临时，才能一举把握。

卷五
心胸博大莫计较，要宽怀

　　人人都会犯错，若因为别人一个小小的错误而斤斤计较或怀恨在心，那这种人实在是格局不够，成不了大事的。做人要宽容一些，淡泊一点，许多事不必放在心上，你越是不计较，好事越是会找上你的门。记住，你不给自己的心灵加码，心灵又如何会负重呢？

1.做个淡泊人，养颗豁达心

人有一分器量，便有一分气质；人有一分气质，便多一分人缘；人有一分人缘，必多一分事业。虽说器量是天生的，但也可以在后天学习、培养。我们阅读历史，多少名人圣贤，有时不赞其功业，而赞其器量，所以器量对人生的功名事业至关重要！有器量的人在为人处世上的表现就是豁达大度，而之所以能够如此，则是因为这样怀一颗淡泊心，对许多事情都可以不必在意，一切看淡了，也便豁达了。

德国的大文学家歌德有一次在魏玛一个公园的小路上散步。那条小路很窄，偏偏遇上了一个对他心存敌意的评论家。他们都停下来看着对方。评论家开口了："我从来不会给一个傻瓜让路。"

"我与您恰恰相反，您请。"说完，歌德退到一旁。

豁达的人，常常是乐观的人。而按照某位哲人的说法，乐观的人与悲观的人相比，仅仅是因为后者选择了悲观。

豁达的人在遇到困境时，除了会本能地承认事实，摆脱自我纠缠之外，他还有一种趋乐避害的思维习惯。这种趋乐避害，不是为了功利，而是为了保持情绪与心境的明亮与稳定。这也恰似哲人所言："所谓幸福的人，是只记得自己一生中满足之处的人；而所谓不幸的人，是只记得与此相反的内容的人。"每个人的满足与不满足，并没有太多的区别差异，幸福与不幸福相差的程度，却会相当巨大。

卷五
心胸博大莫计较，要宽怀

观察分析一个心胸豁达的人，你往往会发现，他的思维习惯中有一种自嘲的倾向。这种倾向，有时会显于外表，表现为以幽默的方式摆脱困境。自嘲是一种重要的思维方式。每个人都有许多无法避免的缺陷，这是一种必然，不够豁达的人，往往拒绝承认这种必然。为了满足这种心理，他们总是紧张地抵御着任何会使这些缺陷暴露出来的外来冲击，久而久之，心理便变得脆弱了。一个拥有自嘲能力的人，却可以免于此患。他能主动察觉自己的弱点，他没有必要去尽力掩饰。从根本上来说，一个尴尬的局面之所以形成，只是因为它使我们感到尴尬。要摆脱尴尬，走出困境，正面的回避需要极大的努力，但自嘲却为豁达者提供了一条轻而易举地逃遁出去的途径——那些包围我的，本来就不是我的敌人。于是，尴尬或困境，就在概念上被消除了。

豁达也有程度的区别，有些人对容忍范围之内的事，会很豁达，可是一旦超出某种限度，他就会突然改变，表现出完全相异的两种反应方式。最豁达的人，则具有一种游戏精神，能将容忍限度扩大。

有这样一个故事。一个身经百战、出生入死、从未有畏惧之心的老将军，解甲归田后，以收藏古董为乐。一天，他在把玩最心爱的一件古瓶时，不小心差点脱手，吓出一身冷汗，他突然若有所悟："为什么当年我出生入死，从无畏惧，现在却吓出一身冷汗？"片刻后，他悟通了——"因为我迷恋它，才会有患得患失之心，破了这种迷恋，就没有东西能伤害我了，"遂将古瓶掷碎于地。

豁达者的游戏精神，即是如此。既然他把一切视为一种游戏，尽管他同样会满怀热情，尽心尽力地去投入，但他真正欣赏的，只是做这件事的过程，而不是目的——游戏的乐趣存在于过程之中。那么，他也就解除了得失之心的困扰。

美国总统林肯在组织内阁时，所选任的阁员各有不同的个性：有勇于任事、屡建功勋的军人史坦顿，有严厉的西华德，有冷静善思的蔡斯，有坚定不移的卡梅隆，但林肯却能使各个性格绝对不同的阁员互相合作。正因为林肯有宽宏的度量，能舍己从人，乐于与人为善。尤其是史坦顿，那种倔强的态度，如在常人，几乎不能容忍，唯有林肯过人的心胸，使得他驾驭阁员轻松自如，使每个阁员都能为国效忠。

成功的上司总是豁达大度的，决不会因下属的礼貌不周或偶有冒犯而滥用权威。所以作为上司，应该有宽恕下属的大度，这样才更能赢得下属的拥戴。

有一次，柏林空军军官俱乐部举行盛宴招待有名的空战英雄乌戴特将军，一名年轻士兵被派替将军斟酒。由于过于紧张，士兵竟将酒淋到将军那光秃秃的头上去了。周围的人顿时都怔住了，那闯祸的士兵则僵直地立正，准备接受将军的责罚。但是，将军没有拍案大怒，他用餐巾抹了抹头，不仅宽恕了士兵，还幽默地说："老弟，你以为这种疗法有效吗？"顿时，全场人的紧张气氛都被一扫而光。

做一个淡泊的人，养一颗豁达的心。唯有如此，你才能少因结怨而苦恼，少因冒犯而动怒，苦恼少了，动怒少了，你充满了正能量，还愁周围的人不喜欢你吗？

感悟淡泊：

豁达的人在遇到困境时，除了会本能地承认事实，摆脱自我纠缠之外，他还有一种趋乐避害的思维习惯。这种趋乐避害，不是为了功利，而是为了保持情绪与心境的明亮与稳定。

2.以自己的无形包容一切的有形

古希腊神话中有一位大英雄叫海格里斯。一天，他走在坎坷不平的山路上，发现脚边有个袋子似的东西很碍脚，海格里斯踩了那东西一脚，谁知那东西不但没有被踩破，反而膨胀起来，加倍地扩大着。海格里斯恼羞成怒，操起一条碗口粗的木棒砸它，那东西竟然长大到把路堵死了。

正在这时，山中走出一位圣人，对海格里斯说："朋友，快别动它，忘了它，离它远去吧！它叫仇恨袋，你不犯它，它便小如当初，你侵犯它，它就会膨胀起来，挡住你的路，与你敌对到底！"

我们生活在茫茫人世间，难免与别人产生误会、磨擦。如果不注意，在我们轻动仇恨之时，仇恨袋便会悄悄成长，最终会导致堵塞了通往成功的路。

如果所有美德可以自选，我们就先把宽容挑出来吧。也许平和与安静会很昂贵，不过拥有宽容，我们就可以奢侈地消费它们。宽容能松弛别人，也能抚慰自己，它会让我们把爱放在首位，万不得已才动用恨的武器；宽容会使我们随和，把一些人很看重的事情看得很轻很淡；宽容还会使我们不至于失眠，再大的不快，再激烈的冲突，都不会在宽容的心灵里过夜。于是，每个清晨，我们都会在希望中醒来。一旦我们拥有了宽容的美德，我们将一生收获笑容，收获别人的爱。

一个真正有爱心的人，懂得用一颗宽容的心去对待周围的人和事。

宽容不但是做人的美德，也是一种明智的处世原则，是人与人交往的"润滑剂"，是一种表达爱的特殊方式。常有一些所谓厄运，只是因为对他人一时的狭隘和刻薄，而在自己的前进道路上自设的一块绊脚石罢了；而一些所谓的幸运，也是因为无意中对他人一时的恩惠和帮助，拓宽了自己的道路。

我们生活在一个越来越不忽视功利的环境里，但倘若太吝惜自己的私利而不肯为别人让一步路，这样的人最终会无路可走；倘若一味地逞强好胜而不肯接受别人的一丝意见，这样的人最终会陷入世俗的河流中而无以向前；倘若一再地求全责备而不肯宽容别人的一点瑕疵，这样的人最终宛如凌空于高高的山顶，会因缺氧而窒息。

曾有人把人比喻为"会思想的芦苇"，因为弱小易变，情绪波动，随时都在改变对事物的正确了解。人非圣贤，就是圣贤也有一失之时，我们何以不能宽容自己和别人的失误？宽容并不意味对恶人横行的迁就和退让，也并非对自私自利的鼓励和纵容。谁都可能有情势所迫的无奈、无可避免的失误、考虑欠妥的差错，所谓宽容就是以善意去宽待有着各种缺点的人们。犹如水一样，以自己的无形而包容了一切的有形。

感悟淡泊：

要知道宽容犹如冬日正午的阳光，能融化别人心田的冰雪，将其变成潺潺细流。一个不懂爱的人，不懂得对别人宽容的人，会显得狭隘，会苍老得更快；一个不懂得对自己宽容的人，会因为生命的弦绷得太紧而伤痕累累，抑或断裂。

3.心胸宽一点，小过失别挂怀

古时候有个宰相，一天，他请来一位理发师给他理发。理发师给他理好发后，就给他修面。面修了一半，理发师忽然停下手中的剃刀，两只眼睛看着宰相的肚皮。宰相心想：肚皮有什么好看的呢？就问道："你不修面，却在看我的肚皮，这是为什么？"理发师听了宰相的问话，说："人家说'宰相肚里能撑船'，我看大人的肚皮并不大，如何可以撑船呢？"宰相听了哈哈大笑，说："所谓'宰相肚里能撑船'，是说宰相气量大，对各种小事都能容忍，从来不计较。"理发师听了，慌忙跪在地上，口中连连说："小人该死，小人该死。"宰相忙问："什么事？"理发师说："小人该死。在修面的时候，小人不小心，将大人左面的眉毛剃掉了，请大人恕罪。"宰相一听，十分气愤。他想，剃去了一道眉毛，如何去见皇上，又如何会客呢？正想发怒，但又一想，自己刚才讲过，宰相的气量最大，对小事从来不计较，现在为了一道眉毛，又怎么能治他的罪呢？想到这里，宰相只好说道："去拿一支笔来，将剃去的眉毛给我画上。"理发师就按宰相的吩咐，给宰相画上了一道眉毛。

心胸狭小的人多烦恼，别人不能公正地对待他，会使其烦恼；自己的机遇不如人，也会使其烦恼；在生活中遇到些许不顺的事情，便会叫苦连天，仿若《安徒生童话》中那个豌豆上的公主。

在人的一生中，面对一个小小的过失，常常是一个淡淡的微笑、一句轻轻的歉语，就可以使内疚、紧张和不愉快化为无形；我们也常常因一件小事、一句不经意的话，使人不理解或不被信任，但不要苛求任何人，以律人之心律己，以恕己之心恕人。所谓"己所不欲，勿施于人"也寓理于此。

夏原吉，江西德兴人，是明宣宗时的宰相。他为人宽厚，有古君子之风。

有一次夏原吉巡视苏州，婉谢了地方官的招待，只在客店里进食。厨师做菜太咸，使他无法入口，他仅吃些白饭充饥，并不说出原因，以免厨师受责。随后巡视淮阴，在野外休息的时候，不料马突然跑了，随从追去了好久都不见回来。夏原吉不免有点担心，适逢有人路过，便向前问道："请问你看见前面有人在追马吗？"话刚说完，没想到那人却怒目对他答道："谁管你追马追牛？走开！我还要赶路。我看你真像一头笨牛！"这时随从正好追马回来，一听这话，立刻抓住那人，厉声呵斥，要他跪着向宰相赔礼。可是夏原吉却阻止道："算了吧！他也许是赶路辛苦了，所以才急不择言。"便笑着把他放走了。

有一天，一个老仆人弄脏了皇帝赐给夏原吉的金缕衣，吓得准备逃跑。夏原吉知道了，便对他说："衣服弄脏了，可以清洗，怕什么？"又有一次，奴婢不小心打破了他心爱的砚台，躲着不敢见他，他便派人安慰她说："任何东西都有损坏的时候，我并不在意这件事呀！"因此他家中不论上下，都很和睦地相处在一起。

当他告老还乡的时候，寄居途中旅馆，一只袜子湿了，命伙计去烘干。伙计不慎，袜子被火烧坏，伙计却不敢报告，过了好久，才托人请罪。他笑着说："怎么不早告诉我呢？"说完就把剩下的一只袜子也丢进垃圾桶里。他回到家乡以后，每天和农人、樵夫一起谈天说笑，显得非常亲切，不知道的人，谁也看不出他是曾经做过朝廷宰相的人。

成大事者有大胸怀。这样的人不会成日计较于鸡毛蒜皮，整天着眼于蝇头小利，枉费了许多时间和精力。一个人有了宽广的胸怀，他在生活中便多了理解、多了温和、多了宠辱不惊的气度，他也更能体会到宁静和幸福。

感悟淡泊：

在人的一生中，面对一个小小的过失，常常是一个淡淡的微笑、一句轻轻的歉语，就可以使内疚、紧张和不愉快化为无形。宽容一些，淡泊一点，许多事不必放在心上，你不给自己的心灵加码，心灵又如何会负重呢？

4.人人都会犯错，有原谅才有进步

大地宽容了种子，于是收获了生机；大海宽容了江河，于是收获了浩瀚；天空宽容了云雾，于是收获了绚丽；人生宽容了过错，于是我们便可以收获未来。

宽容有时候只是极其微小的一个举动，或者是一种可以让仇恨在心底淡化的忍让。但是，往往很简单而且是很随意的一次宽容，就可以让你收获意想不到的回报。

曹操经过官渡之战，彻底打败了袁绍。在打扫战场的时候，有手下向他报告说，在袁绍的档案中发现了许多自己人写给袁绍的书信，有人建议说，查出来，然后将他们砍头。曹操说，算了，将这些书信烧了吧。部下非常不解，按理说这些人都是国家的叛徒，最轻也是里通外国，不杀头就很不错了，怎么还能一点儿不追究呢？曹操告诉他们说，过去袁绍那么强大，统治着河北那么大的地方，不要说咱们的一些人，就连我心里都没数，那些人都想给自己留条后路，也情有可原嘛。

曹操是非常厉害的人，不仅是军事家、政治家、文学家、诗人，还是"唯才是举"的创始人。他的宽容是真的宽容，正是他的宽容才使他统一了北方，为以后三国归晋打下了基础。

由此，我们也可以总结出这样一点：宽广的胸怀是宽容的前提。曹操曾经写过这样的诗句："日月之行，若出其中；星汉灿烂，若出其里。"

试问能有几个心胸狭窄的人，能描绘出如此雄奇壮丽的场景？当我们无法宽容别人的时候，何不想一想曹操的胸襟，想一想世界的广阔、宇宙的浩渺，可能你就会忘记自己那点儿芝麻小事了。

包布是一位著名的试飞员，而且常常在航空展览中做飞行表演。一天，他在圣地亚哥航空展览中心表演完毕后飞回洛杉矶。在300米高空时，两个引擎突然熄火，由于技术熟练，他操纵着飞机安全着陆，但是飞机严重损坏，所幸没有人员伤亡。

在迫降之后，包布的第一个行动就是检查飞机的燃料。正如他所疑虑的，他所驾驶的螺旋桨飞机使用的竟然是喷气式飞机的燃料而不是汽油。

回到机场后，他要求见见为他保养飞机的机械师。这位年轻的机械师为所犯的错误非常难过。当包布走向他时，他正泪流满面。他造成了一架非常昂贵的飞机的损失，差一点儿还使三个人失去了生命。

你可以想象包布必然大为震怒，这位极有荣誉心、事事要求精确的飞行员必然会痛斥机械师的疏忽。但是包布没有批评他，他用手臂抱住那个机械师的肩膀，对他说："为了表示我相信你不会再犯错误，我要你明天再为我保养飞机。"

这虽然只是一个故事，但也足以给我们启迪。拉瓦特曾经说过："没有宽容过敌人的人，从未享受过人生最大的一种乐趣。"这句话说起来容易，但做起来难。想想，平时我们大概会习惯责骂他人的错误，尤其是当他们的错误对我们的生活产生了不利的影响时，我们可能会失控。当愤怒之情占据我们的心灵，辱骂、打架便随之而来。但这样做，对我们又有什么益处呢？还不如原谅他人吧！

有一日，楚庄王兴致大发，要大宴群臣。大家自中午一直喝到日落西山，楚庄王又命人点上蜡烛继续喝，群臣越喝兴致越浓。忽然间，起了一阵大风，将屋内蜡烛全部吹灭。此时，一位喝得半醉的武将乘灯灭之际，搂抱了楚庄王的妃子。妃子慌忙反抗之际，折断了那位武将的帽缨，然后大声喊道："大王，有人借灭烛之机，调戏侮辱我，我已将那人的帽缨折断，快快将蜡烛点上，看谁的帽缨折断了，便知是谁。"

正当众人准备点蜡烛时，楚庄王高声喊道："今日欢聚，不折断帽缨就不算尽兴。现在大家都把帽缨折断，谁不折断就是对我不忠，然后我们大家痛饮一番。"

等大家都把帽缨折断以后，楚庄王才命人重新将蜡烛点上，大家尽兴痛饮，愉快而散。此后，那位失礼的武将对楚庄王感恩不尽，他暗下决心，自己的人头就是楚庄王的，要为楚庄王而活着，对楚庄王忠心耿耿、万死不辞。这就是历史上有名的"绝缨宴"。

七年后，楚庄王伐郑，一名战将主动率领部下先行开路。这名战将拼命死战，所到之处敌军闻风丧胆，直杀到郑国国都。战后楚庄王论功行赏，这才知道这名战将叫唐狡。唐狡不想要任何赏赐，承认七年前宴会上的无礼之人就是自己，今日此举全为报答七年前楚庄王的不究之恩。楚庄王大为惊叹，并把这名妃子赏赐给了唐狡。

楚庄王可以在手下冒犯了自己的爱妃的时候宽宏大量，原谅手下的过失，自然会有人死心塌地地追随他。人都有犯错误的时候，如果能以一颗宽容的心去面对，那么很多矛盾和过节都会迎刃而解。若凡事都要计较，不肯吃一点儿小亏，表面上是维护了自己的利益，实际上却失去了更多。

生活中，多一些宽容，多一些忍让，不管是朋友无意中的伤害，还是敌人的恶意欺辱，何不相视一笑泯恩仇、化干戈为玉帛呢？所以，请从现在做起，从身边的每一件小事做起，多多原谅别人，因为"人非圣贤，孰能无过"，而且很多时候，我们都需要宽容。宽容不仅是给别人机会，更是为自己创造机会。

感悟淡泊：

宽容有时候只是极其微小的一个举动，或者是一种可以让仇恨在心底淡化的忍让。但是，往往是很简单而且很随意的一次宽容，可以让你收获意想不到的回报。

5.最高明的胜者，是靠"不争"而获胜的

《道德经》云："上善若水，水善利万物而不争，处众人之所恶，故几于道。居善地，心善渊，与善仁，言善信，正善治，事善能，动善时。夫唯不争，故无尤。"

"不争"是老子哲学的中心思想之一。他主张人应该像水那样顺其自然。这样的心态对现代人来说已经很少见到了，人们认为"不争"似乎就代表着放弃的意思，是一种懦弱的表现。事实上并非如此，"不争"只是在告诉我们要把自己的心态放平衡，要把心胸放宽广一点，淡泊一点，别太计较。与人交往的过程中一定要注意真诚。将自己的事情处理得有条有理，准确地抓住时机，发挥自己的最大能力。所有的这一切，都是在"不争"中做到的。"不争"是一种心态，"不争"是一种境界，"夫唯不争，故无尤"，不争就是一种胜利的方法。

其实，有很多人不能理解老子的这一思想，或者认为这样的思想在现在的社会中一点都不实用。什么东西不是自己主动争取的？"无争"只会让我们的思想在懒惰中一点点地腐蚀掉，让社会停滞不前，这是我们大多数人对这个社会的理解。在我们的生活中似乎已经离不开竞争了，人们在面对任何事情时，潜意识中都会有一种要争抢的思想，这似乎已经成为世界的发展趋势。其实，老子的"不争"也不失为一种高明的"争"法，老子的心里有着很强烈的"争胜"的概念，只不过在老子看来，最高明的取

胜，是靠"不争"而获得的。

可口可乐的某位总裁曾经说过一段非常精彩的话："每个人的手里都有这样五个球：工作、家庭、朋友、健康、灵魂，这五个球中只有'工作'是用橡胶做成的，掉了还可以再捡起来，而其他四个都是玻璃做的，掉了，就碎了。"这段话的意思很明显，它告诉我们不要为了眼前那些看上去很诱人的利益而与身边的朋友争抢，失去了好的工作我们还可以再找回来，但是为此而丢掉其他四个球你就会追悔莫及。

"不争"并不是要求我们要随遇而安，忍受欺凌，"不争"是一种心态，是一种境界，我们要把"不争"真正地运用到现实中，运用到我们的工作中，这样不仅能够改善与同事相处的气氛，还能让自己在"不争"中获得更多的东西，让我们享受到"不争"的幸福，让我们在"不争"中走向成功。

"不争"是一种返璞归真的心态，去掉雕饰，恢复本色，一切都在简简单单的模式下运行。快乐其实很简单，就是用一种简单的方式生活，舍下一些无谓的纷争，舍下一些没有意义的纠缠，让心灵从复杂中释放，回归天然的纯净，这样，就能享受到最简单的人生，体味到最纯粹的快乐。

感悟淡泊：
　　"不争"似乎代表着放弃，是一种懦弱的表现，事实上并非如此。"不争"只是在告诉我们要把自己的心态放平衡，要把心胸放宽广一点，淡泊一点，别太计较。

6.竭尽全力，即使无法挽回也不抱怨生活

唐朝有一位江州刺史李渤，问智常禅师道："佛经上所说的'须弥藏芥子，芥子纳须弥'未免失之玄奇了，小小的芥子，怎么可能容纳那么大的一座须弥山呢？过分不懂常识，是在骗人吧？"

智常禅师闻言而笑，问道："人家说你'读书破万卷'，可有这回事？"

"当然！当然！我读的书岂止万卷！"李渤得意洋洋地说。

"那么你读过的万卷书如今何在？"

李渤抬手指着头说："都在这里了！"

智常禅师道："奇怪，我看你的头颅也只有一个椰子那么大，怎么可能装得下万卷书，莫非你也骗人吗？"

李渤顿时目瞪口呆，无话可说。

就像可以装下须弥山的小小芥子一样，人的心灵像一个小小的宇宙，能够装下目力所及的一切，甚至还能装下想象中的无穷空间，心境浩瀚则无边界。圣严法师把上述公案中的禅理用之于实际，即是告诫人们必须拥有开阔的心胸。

何谓"心胸开阔"？法师将这类人分为了两种：一种人心胸开阔，乐天知命；另一种就要求创业者拥有超越利害得失、成败是非的心态。

第一种人生性乐观，即使面对诡谲风云，依然能够自得其乐。但是，

这种人的缺点在于可能因过分乐观而变得对什么都不在乎，当事业顺利时，他能在谈笑间运筹帷幄，当无所事事时，他也不以为意。

与第一种人相比，第二种人追求更精彩的人生，同时，他们的人生态度也更加积极：他们渴望一展宏图，面对挫折时不会像第一种人一样毫不在意，但也不会因事业的失利而自艾自怜，而是能够自我宽慰，重新出发。

举一个简单的例子，圣严法师所在的农禅寺经常遭遇台风的袭击。某一年台风来袭之前，圣严法师让弟子将寺中低洼处的物品都搬到了高台上，但是由于雨水过多，农禅寺还是被淹了，损失很大。但圣严法师却并不因此难过，"面对这无奈的事实，我认为既然已经尽力处理了，无论结果如何、有没有损失，都不必那么在意，只要全心处理善后就好"。

这正是真正开朗的心胸，遇事竭尽全力，即使无法挽回也不抱怨生活。这种态度对所有人来说都有裨益，处于紧张、忙碌、压抑的环境中的人更应该好好体会。

一天，一位企业家来向圣严法师求教。原来是因为受到经济危机的影响，他的企业逐渐走向下坡路。想到昔日的辉煌，这位企业家内心非常痛苦。

圣严法师劝慰他说："最初你不是白手起家的吗？那时候你什么都没有，只是后来生意才渐渐做大的。现在不过是回到了原点，或者说是比你的起点更高一层的地方，你只是失去了你曾经就没有的东西，何苦为它烦恼？"

企业家说："如果一开始就没有，那么我也不会这么痛苦。恰恰是因为我有过那么多钱，但现在全赔进去了，我才会割舍不下，又不知如何是好。"

"生不带来，死不带去，你本也知道钱财是身外物。至于你内心的痛苦，能处理的就处理，不能处理的就放下。一切从头开始，不也很好吗？"

"那也就是说我大概没有东山再起的希望了吧！"企业家失望地说。

圣严法师合掌说道："不要这么想，即使这一生没有希望，来生还有希望，永远都有希望的。更何况在你面前，还有那么多重新开始的机会。"

这位企业家的苦恼就在于他心胸虽然宽广，却都被高远的志向占据，没有给可能出现的挫折留下一点空间，以至于他无法豁达地面对暂时的失败。

纵观风起云涌的社会，每个人可能都是一颗微不足道的芥子，但其中那些心胸开朗的芥子，不仅有足够的胸怀容纳须弥山，也有化解一切挫折的涵养。

感悟淡泊：

生不带来，死不带去，你本也知道钱财是身外物。至于你内心的痛苦，能处理的就处理，不能处理的就放下。一切从头开始，不也很好吗？

7.容得下他人的光芒，你才更有魅力

古时候，摩伽陀国有一位国王饲养了一群象。象群中，有一头象长得很特别，全身白皙，毛柔细光滑。后来，国王将这头象交给一位驯象师照顾。这位驯象师不只照顾它的生活起居，也很用心教它。这头白象十分聪明、善解人意，过了一段时间之后，他们已建立了良好的默契。

有一年，这个国家举行一个大庆典。国王打算骑白象去观礼，于是驯象师将白象清洗、装扮了一番，在它的背上披上一条白毯子后，才交给国王。国王就在一些官员的陪同下，骑着白象进城看庆典。由于这头白象实在太漂亮了，民众都围拢过来，一边赞叹一边高喊着："象王！象王！"这时，骑在象背上的国王，觉得所有的光彩都被这头白象抢走了，心里十分生气、嫉妒。他很快地绕了一圈后，就不悦地返回王宫。

一回王宫，他就问驯象师："这头白象有没有什么特殊的技艺？"驯象师问国王："不知道国王您指的是哪方面？"国王说："它能不能在悬崖边展现它的技艺呢？"驯象师说："应该可以。"国王就说："好，那明天就让它在波罗奈国和摩伽陀国相邻的悬崖上表演。"隔天，驯象师依约把白象带到那处悬崖。国王就说："这头白象能以三只脚站立在悬崖边吗？"驯象师说："这简单。"他骑上象背，对白象说："来，用三只脚站立。"果然，白象立刻就缩起一只脚。国王又说："它能两脚悬空，只用两脚站立吗？""可以。"驯象师就叫它缩起两脚，白象很听话地照做。国王接着又说："它能不能三脚悬空，只用一脚站立？"

驯象师一听，明白国王存心要置白象于死地，就对白象说："你这次要小心一点，缩起三只脚，用一只脚站立。"白象也很谨慎地照做。围观的民众看了，热烈地为白象鼓掌、喝彩！国王愈看心里愈不平衡，就对驯象师说："它能把后脚也缩起，全身飞过悬崖吗？"

这时，驯象师悄悄地对白象说："国王存心要你的命，我们在这里会很危险，你就腾空飞到对面的悬崖吧！"不可思议的是，这头白象竟然真的把后脚悬空飞起来，载着驯象师飞越悬崖，进入波罗奈国。波罗奈国的人民看到白象飞来，全城都欢呼了起来。国王很高兴地问驯象师："你从哪儿来？为何会骑着白象来到我的国家？"驯象师便将经过一一告诉了国王。国王听完之后，叹道："人的心胸为什么连一头象都容纳不下呢？"

真正的王者绝不会容不得他人的光芒存在，就像自己是一颗钻石一样，周围的珍珠只会衬托它的雍容和气度，而不会削减它的魅力。

宇宙万物相依相存。作为群体性动物，人类也只有在与他人的和谐互动中才能获得有益的经验，从而有利于自身的发展。这就要求我们要以一颗开放包容的心来面对外界。人们常因建设自己而造就别人，又因别人的造就而改变自己。在这种改变中，你如果不让别人赢，你自己也会输掉。人与人并不一定非要拼个你死我活才行，曲直高低也不一定非要分得清清楚楚，莫不如用一颗互相关怀、互相包容的心对待彼此，所有的人都会从中受益。

感悟淡泊：
真正的王者绝不会容不得他人的光芒存在，就像自己是一颗钻石一样，周围的珍珠只会衬托它的雍容和气度，而不会削减它的魅力。

8.善于发现别人的优点而不是缺点

在现实生活中，不难发现很多人因为一些磕磕碰碰便和他人吵架斗嘴，甚至大打出手。很多人甚至认为，对于别人的冒犯就应该"以牙还牙，以血还血"，他们容不得别人对自己的一丁点儿侵犯。在与他人交往的过程中，他们把别人身上的缺点无限扩大，动不动就责怪他人。对于别人身上的优点，则以"这有什么了不起"为由来对其嗤之以鼻。这种现象其实是非常可悲的。因为当一个人以刻薄小气的胸襟为人处世时，他绝不可能有什么出息。一个"用缩微镜看人优点，用放大镜看人缺点"的人，绝对不会获得美好的友谊和得到别人的帮助。

生活中，我们要善于发现别人身上的优点而不是缺点，努力学习别人的优点，这才是正确的行为。也只有以这种"用放大镜看人优点，用微缩镜看人缺点"的心态，才能有宽广的胸襟，赢得别人的敬重和取得成功。

蔡元培先生就是一个有着大胸襟的人。在他担任北京大学校长时，曾有这么两个"另类"的教授。一个是"持复辟论者"和"主张一夫多妻制"的辜鸿铭。辜鸿铭当时应蔡元培先生之请来讲授英国文学。辜鸿铭的学问十分宽广而庞杂，他上课时，竟带一童仆为之装烟、倒茶，他自己则是"一会儿吸烟，一会儿喝茶"，学生焦急地等着他上课，他也不管，"摆架子，玩臭格"成了当时一些北大学生对辜鸿铭的印象。很快，就有人把这事反映到蔡元培那儿。然而蔡元培并不生气，他对前来反映情况的人解释说："辜鸿铭是通晓中西学问和多种外国语言的难得人才，他上课时展现的陋习固然不好，但这并不会给他的教授工作带来实质性的损害，所以他生活中的这些习惯我们应该宽容不较。"经过一段时间后，再也没有人来告状了，因为辜鸿铭的课堂里挤满了北大的学子。很多学生为他渊博的知识、学贯中西的见解而折服。辜鸿铭讲课从来不拘一格，天马行空的方式更是大受学生欢迎。

另一个人，则是受蔡元培先生的聘请，教《中国古代文学》的刘师培。根据冯友兰、周作人等人回忆，刘师培给学生上课时，"既不带书，也不带卡片，随便谈起来"，且"他的字写得实在可怕，几乎像小孩描红相似，而且不讲笔顺，所以简直不成字样"，这种情况很快也被一些学生、老师反映到蔡元培那儿。然而蔡元培却微微一笑，说："刘师培讲课带不带书都一样啊，书都在他脑袋里装着，至于写字不好也没什么大碍啊。"后来学生们发现刘师培讲课"头头是道，援引资料，都是随口背诵"，而且文章没有做不好的。

从蔡元培对辜鸿铭和刘师培两位教授的处理方法，我们可见蔡元培量用人才的胸怀是何等求实、豁达而又准确。他把对师生个性的尊重与宽容发挥到了一种极高明的地步。为了实现改革北大的办学理想，迅速壮大北大实力，他极善于抓住主要矛盾和解决问题的关键，把尊重人才个性选择与用人所长理智地结合起来。他曾精辟地解释道："对于教员，以学诣为主。在校讲授，以无悖于第一种之主张（循思想自由原则，取兼容并包主义）为界限。其在校外之言动，悉听自由，本校从不过问，亦不能代负责任。夫人才至为难得，若求全责备，则学校殆难成立。"

正是这种博大的胸襟，才使得蔡元培能够发现真正的人才，也才使得当时的北京大学有了长足的发展。美国著名的人际关系学家卡耐基和许多人都是朋友，其中包括若干被认为是孤僻、不好接近的人。有人很奇怪地问卡耐基："我真搞不懂，你怎么能忍受那些老怪物呢？他们的生活与我们一点都不一样。"卡耐基回答道："他们的本性和我们是一样的，只是生活细节上难以一致罢了。但是，我们为什么要戴着放大镜去看这些细枝末节呢？难道一个不喜欢笑的人，他的过错就比一个受人欢迎的夸夸其谈者更大吗？只要他们是好人，我们不必如此苛求。"

在现实生活中，我们应该学会以一种大胸襟来对待别人的缺点和过错。学会"容人之长"，因为人各有所长，取人之长补己之短，才能相互促进，学习才能进步；学会"容人之短"，因为金无足赤，人无完人。人的短处是客观存在的，容不得别人的短处就只会成为"孤家寡人"；学会"容人之过"，因为"人非圣贤，孰能无过"。历史上凡是有所作为的伟人，都能容人之过。

朋友们，当我们拥有"用放大镜看人优点，用缩微镜看人缺点"的大胸襟时，我们便拥有了众多的朋友，拥有了更多的帮助，也拥有了通向成功的门票。

感悟淡泊：
生活中，我们要善于发现别人身上的优点而不是缺点，努力学习别人的优点，这才是正确的行为。也只有以这种"用放大镜看人优点，用微缩镜看人缺点"的心态，才能有宽广的胸襟，赢得别人的敬重和取得成功。

卷六
处世不可太较真，要包容

　　包容，是对你看不惯的、伤害你的、打扰你的一切事物理性地接受。包容是淡泊之心的外在体现。人生在世，理应开朗、豁达和超脱一些的，如果你凡事都斤斤计较，只是在给自己徒增烦恼罢了。所以，处世别太较真，海纳百川，有容乃大，一个人能容人容事，才能够真正容得下快乐。

1.谁人背后无人说，无需为此心烦愁

我们常常因别人的评论左右自己，因别人的言语让自己苦恼，其实大可不必，每个人都有自己的生活方式，我们不必为没有得到理解而遗憾叹惜。

有这么一个故事：白云守端禅师有一次和他的师父杨岐方会禅师对坐，杨岐问："听说你从前的师父茶陵郁和尚大悟时说了一首偈，你还记得吗？"

"记得，记得。"白云答道，"那首偈是：'我有神珠一颗，久被尘劳关锁。今朝尘尽光生，照破山河万朵。'"语气中免不了有几分得意。杨岐一听，大笑数声，一言不发地走了。白云怔在当场，不知道师父为什么笑，心里很愁烦，整天都在思索师父的笑，怎么也找不出他大笑的原因。那天晚上，他辗转反侧，怎么也睡不着，第二天实在忍不住了，大清早就去问师父为什么笑。杨岐禅师笑得更开心了，对着因失眠而眼眶发黑的弟子说："原来你还比不上一个小丑，小丑不怕人笑，你却怕人笑。"白云听了，豁然开朗。是啊，只要自己没有错误，别人笑又何妨呢？

还有这样一个故事，有一个小和尚非常苦恼沮丧，禅师问他何故，他回答："东街的大伯称我为大师；西巷的大婶骂我是秃驴；张家的阿哥赞我清心寡欲，四大皆空；李家的小姐却指责我色胆包天，凡心未了。究竟我算什么呢？"禅师笑而不语，指指身边的一块石头，又拿起面前的一盆花。小和尚恍然大悟。

其实，禅师的笑而不语，正是一语道破了生命的本义。他的意思是说，石块就是石块，花朵就是花朵，自己就是自己，根本不必因为别人说三道四而烦恼，别人想说的，由得别人去说，那只是别人的看法而已。

很多时候我们就是陷于别人给我们的评论之中。别人的语气、眼神、手势……都可能搅扰我们的心，削弱我们向前迈进的勇气，白白损失了做个自由快乐的人的权利。

要知道，嘴长在别人身上，你若想要别人在你背后闭嘴不谈论你，除非你是隐形人，或者你和大家都没有利害关系和冲突，事实上这是不可能实现的。那么，你唯一能做的，就是不要理会这些"酸风醋雨"。如果你在意它们，它们就会渗入你的身体，折磨你的神经，腐蚀你的信心，将你改造成畏首畏尾的惊弓之鸟。

可见，当别人对你的所作所为飞短流长时，最好的方法就是保持"有则改之，无则加勉"的心态。如果你没有做错事，那么就挺起胸膛，勇敢地面对众人挑剔的目光吧。相信一句老话："时间能证明一切。"你的所作所为终究会代替先前的传言，从而在别人心中塑造出你真正的形象。

感悟淡泊：

嘴长在别人身上，你若想要别人在你背后闭嘴不谈论你，除非你是隐形人，或者你和大家都没有利害关系和冲突，事实上这是不可能实现的。那么，你唯一能做的，就是不要理会这些"酸风醋雨"。

2.世界并不复杂，复杂的是自己

感恩生活，在做着自己喜欢的工作，累些又有什么关系，生活没那么简单，我们要在复杂的生活中让自己过得简单些。

在这个纷繁复杂的社会中，我们感到实在活得太累了。一道道人生难题摆在我们的面前，需要我们去破译、去求证、去解答。一个人的智慧和力量毕竟是有限的，面对一张张生活的大网和一团团乱麻的人生，我们往往显得力不从心，甚至有一种贫血的感觉。

其实，人生本来有很多种选择，也有很多种活法，但我们往往过于追求完美，把原本很简单的事情搞得复杂化，因而常常被弄得很苦、很累、很浮躁。譬如说，同是生命的个体，本是相互平等，却非要仰人鼻息、察人脸色、揣人心事，日子过得诚惶诚恐、没滋没味。本来是很容易处理的一件事，却总是谨慎有余、小心翼翼，生怕因此触动了那张敏感的关系网。一次又一次，面临人生途中的一些选择，我们本不需要动太多脑筋，却非得瞻前顾后、左顾右盼一番不可，结果丧失了最佳时机，到头来后悔不迭……

人的社会性，决定了每个个体生命都要经历一定的人和事，这就要求我们必须有正常的心态和驾驭生活的能力。其实，这个世界并不复杂，复杂的是人自己。只要我们心想得简单一些，生活的天空便一片明媚。

在是非面前，我们不妨简单一些。社会是一盘杂菜，什么菜色都有，人上一百，形形色色，个中是非众人自有公论，道德自有评价。对此，我们不必去理会谁在背后说人，谁在人后被人说。也不必理会谁投来的一抹轻蔑，谁射过来的一瞥白眼。对那些微妙的人际关系，不妨视而不见、充耳不闻，排除一切有形或者无形的干扰，不必计较自己是吃了亏还是占了便宜。只要拥有一颗正直的心，我们心中的阴霾就会一扫而空，心境也会因此变得日益明朗和愉快起来。

对待得失，我们不妨也简单一些。生活对每个人都是公平的，有得就有失，有失就有得，塞翁失马，焉知非福，得与失是可以相互转化的。只要拥有一颗平常心，去善待生活中的不平事，与世无争，知足常乐，少一份嫉妒，多留一些时间和精力做自己喜欢的事，命运的光环自然会降落在你的头上。即使命不由人，也不必斤斤计较，你走你的阳关道，我过我的独木桥，你有你的活法，我有我的活法，眼睛里何必揉进一颗难受的沙子。抛去名利，放开权欲，用简单的心走过自己轻松而快乐的人生。若干年后，当我们回味起来，就不会感到寂寞，不会牢骚满腹、怨天尤人。

此外，在待人处世方面，我们也不妨简单一些。我们总是生活在一定的社会环境中，每天都要和各种各样的人打交道。对家人，对同事，对邻居，对朋友，其交往的过程还是平淡一点儿好。君子之交淡如水，何必纠缠于那些不胜其烦的繁文缛节之上。只有脱去一切伪装，善于真诚待人，相互宽容，相互帮助，心灵不设防，不要两重人格，有快乐共同分享，有困难共同分担，人与人之间就会架起一座理解与信任的桥梁，人间的真情就会开出绚丽的花朵。

生活是丰富多彩的，如晴空、如白云、如彩虹、如霞光，只要我们以简单之心去面对复杂的世界，生活的琼浆便汩汩而出，酿造出最甜最美的生活之甘露。

活得简单些，这就是人生的最深内涵。

简单不是粗陋，不是做作，而是一种真正的大彻大悟之后的升华。

现代人的生活太复杂了，到处都充斥着金钱、功名、利欲的角逐，到处都充斥着新奇和时髦的事物。被这样复杂的生活所牵扯，我们能不疲惫吗？

梭罗有一句名言感人至深："简单点儿，再简单点儿！奢侈与舒适的生活，实际上妨碍了人类的进步。"他发现，当他生活上的需要简化到最低限度时，生活反而更加充实，因为他已经无须为了满足那些不必要的欲望而使心神分散。

简单地做人，简单地生活，想想也没什么不好。金钱、功名、出人头地、飞黄腾达，当然是一种人生。但能在灯红酒绿、推杯换盏、斤斤计较、欲望和诱惑之外，不依附权势，不贪求金钱，心静如水，无怨无争，拥有一份简单的生活，不也是一种很惬意的人生吗？毕竟，你用不着挖空心思去追逐名利，用不着留意别人看你的眼神，没有枷锁的心灵，快乐而自由，随心所欲，该哭就哭，想笑就笑，虽不能活得出人头地、风风光光，但这又有什么关系呢？

生活未必都要轰轰烈烈，"云霞青松作我伴，一壶浊酒清淡心"。这种意境不是也很清静自然，像清澈的溪流一样富有诗意吗？生活在简单中自有简单的美好，这是生活在喧嚣中的人所渴求不到的。东晋陶渊明似乎早已明了其中的真意，所以有诗云："结庐在人境，而无车马喧。问君何能尔？心远地自偏。采菊东篱下，悠然见南山。山气日夕佳，飞鸟相与还。此中有真意，欲辨已忘言。"简单的生活其实是很迷人的：窗外云淡风轻，屋内茶香萦绕，一束插在牛奶瓶里的漂亮水仙，穿透洁净的耀眼阳光，美丽地开放着；在阳光灿烂的午后，你终于又来到了年轻时的山坡，放飞着童年时的风筝；落日的余晖之中，你静静地享受着夕阳下清心寡欲的快乐……

简单是美，是一种高品位的美。

感悟淡泊：

生活是丰富多彩的，如晴空、如白云、如彩虹、如霞光，只要我们以简单之心去面对复杂的世界，生活的琼浆便汩汩而出，酿造出最甜最美的生活之甘露。

3.凡事斤斤计较，只能让你徒生烦恼

在生活中，夺走我们快乐心情的恰恰是一些微小的事情。然而，在你为这些小事生气之前，要想清楚：你莫名地生气，除了给自己增加痛苦之外，还能改变什么？

有一天，寺院中的禅师正要开门出去，突然被一位身材魁梧的大汉撞到，戳青了禅师的眼皮。那位撞人的大汉，毫无羞愧之色，理直气壮地说道："难道你没长眼睛吗？"

禅师听罢只是微微一笑，并没有说什么。

大汉颇觉惊讶地问："喂！老和尚，你为什么一点也不生气呀！"

禅师说道："为什么一定要生气呢？生气不能让眼睛所受的痛苦解除，而只会扩大事端。我如果对你破口大骂或者打斗动粗，一定会造成更大的业障以及恶缘，也不能将事情化解。如果我早一分钟或者迟一分钟开门，都会避免相撞，或许这一撞也化解了一段恶缘，还要感谢你帮助我消除业障呢。"

这位大汉听完十分感动，若有所悟地离开了。

事情过了很久之后，一天法师接到一封挂号信，信内附有一万元钱，正是那位大汉寄的。

原来，那位大汉在年轻的时候不知努力，成年后，在事业上高不成低不就，十分苦恼。婚后也不懂得善待妻子。那一天，他在上班时忘记了拿公文包，中途返回家拿的时候，却发现妻子与另一个男子在家中谈笑，就冲动地跑进厨房，拿了把菜刀，想先杀了他们，然后再自杀，以求解脱。

然而，就在他准备到厨房拿菜刀的时候，忽然想起了禅师的教诲，自己顿时也冷静了下来，深刻地反思了自己的过错。

如今的他生活、婚姻都很幸福，工作也得心应手，特向禅师寄去一万元钱以示感谢。

禅师的宽容使大汉觉悟，教他要以一颗宽容的心去对待生活中的琐事，这是获得幸福和快乐的重要方法。在很多时候，宽容是一条环环相扣的纽带，让我们彼此相连，让我们认清彼此、珍惜彼此。

从现在开始，不要因生活中的小事而生气了，遇到不顺心的事，要学着去控制自己的情绪，这样才能让快乐健康常伴左右。

要知道，那些爱事事计较、精于算计的人，对健康的影响也是极大的。《红楼梦》里的林黛玉，虽生有闭月羞花的美丽容貌，但总是斤斤计较，患得患失，别人一句无意的话，也会让她辗转反侧，难以入眠，抑郁不已，最终只得落个"红颜薄命"的悲惨结局。唐代有"诗鬼"之称的著名诗人李贺，虽然思路敏捷，才华过人，却是个心胸狭窄之人，经常会为一些芝麻绿豆的小事而闷闷不乐，愁肠百结，27岁便离开了人世。

对于生活中的小事情，让一让，忍一忍又何妨呢？人生在世，理应开朗、豁达和超脱一些的，如果你凡事都去斤斤计较，只是在给自己徒增烦恼罢了。

要知道，人的精力毕竟是有限的，如果你过于在小事上斤斤计较，那么，对人生中的一些大事的注意力必然会淡化，甚至无暇顾及了，也就意味着你会失去更多。因此，从现在开始，要学会放下，在小事方面"糊涂"一些，这样才能够收获更重要的东西。

感悟淡泊：

　　对于生活中的小事情，让一让，忍一忍又何妨呢？人生在世，理应开朗、豁达和超脱一些的，如果你凡事都去斤斤计较，只是在给自己徒增烦恼罢了。

4.收敛锋芒，用"糊涂"化险为夷

清朝名士郑板桥说："聪明难，糊涂亦难，由聪明转入糊涂更难。放一着，退一步，当下心安，非图后来福报也。"意思是说，那些聪明和精明的人，不会去故意地装糊涂，而是将自己的智慧收敛起来、让自己糊涂起来，做到这一点是极为困难的。

宁武子是春秋时期卫国一位有名望的大夫，他一生辅佐了卫文公和卫成公两代君王。

卫文公在位的时候，国家的政治极为清明，社会异常安定。那个时候，宁武子表现出了超人的智慧与能力，几乎已经成为当时卫国"第一等的聪明之人"。

然后，到卫成公的时候，国家政治黑暗，社会混乱。宁武子作为当朝大夫，则表现得异常愚蠢鲁钝，好似自己什么都不知道，看上去像个"白痴"一样。不过，这个前朝聪明之人，到后期却变成了一个极为糊涂的人，正因为这样，他才安全地度过了自己的余生。其实，他后来的糊涂都是装出来的，而不是真正糊涂了。

宁武子在乱世之中，能够及时地收敛起自己的聪明才智，是很少有人能够做到的，正是他的这种大智慧，才让他安全地度过了自己的一生。

现实生活中，我们每个人都很聪明，与人交往会工于心计，会斤斤计较，然而正是如此，才使我们的心灵沾上了过多的烦恼和痛苦。在很多时候，如果我们能够收敛起自己的锋芒，做到糊涂处世、宽容忍让，这是避开危险的一种有效的方法。

古人曰："心底无私天地宽。"如果你心中的"天地"变宽了，就一定不会对烦琐小事斤斤计较，过于认真，这样，也不会无端地生出许多痛苦来了。聪明是一种智慧，而糊涂也是一种大智大勇的表现。生活中，很多人总会过于计较利益得失、是非恩怨，这会让我们生出许多烦恼。如果我们能够放弃计较，大事化小，小事化了，在许多细小的问题上，不去做无休止的纠缠，理智地处事，学会适应各种环境，应付各种矛盾，用"糊涂"去化险为夷，可能会让自己活得无比的轻松和快乐。

要让我们的心灵少些痛苦和烦恼，就从现在开始学着去"糊涂"一点吧。

对他人"糊涂"一些，会让对方更加信任你；对朋友"糊涂"一些，会让你们的友谊更为长久；对爱人"糊涂"一些，会给你们彼此的心灵留些空间和余地；对生活中的一切小事都"糊涂"一些，会让自己多享一分快乐。

感悟淡泊：

现实生活中，我们每个人都很聪明，与人交往会工于心计，会斤斤计较，然而正是如此，才使我们的心灵沾上了过多的烦恼和痛苦。在很多时候，如果我们能够收敛起自己的锋芒，做到糊涂处世、宽容忍让，这是避开危险的一种有效的方法。

5.在不违背原则的情况下，适当地糊涂

做人、处世有必要认真吗？答案是肯定的。但是，认真不能较真，认真也要看在什么时候、什么事情上，有很多的时候是认不得"真"的，该糊涂的时候，你还坚持"认真"，那只会给自己带来无尽的烦恼。

有师徒二人出游，来到一个地方感觉腹中饥饿，师父就对徒弟说："前面有一家饭馆，你去化缘。"徒弟领命就到了饭馆，说明来意。

那饭馆的主人说："要饭吃可以啊，不过我有个要求。"徒弟忙道："什么要求？"主人回答："我写一字，你若认识，我就请你们师徒吃饭，若不认识乱棍打出。"徒弟微微一笑："主人家，恕我不才，可我也跟师父多年。别说一字，就是一篇文章又有何难？"主人也微微一笑："先别夸口，认完再说。"说罢拿笔写了一"真"字。徒弟哈哈大笑："主人家，你也太欺我无能了，我以为是什么难认之字，此字我五岁就识。"主人微笑着问："此为何字？"徒弟回答说："不就是认真的'真'字吗？"店主冷笑一声："哼，无知之徒竟敢冒充大师门生，来人，乱棍打出！"

徒弟无奈，只好空着手回来见老师，说了经过。大师微微一笑："看来他是要为师前去不可。"说罢来到店前，说明来意。那店主照样写下"真"字。大师答曰："此字念'直八'。"那店主笑道："果是大师来到，请！"师徒二人就这样吃完喝完不出一分钱走了。徒弟不懂，问道：

处世不可太较真，要包容

"师父，你不是教我们那字念'真'吗？什么时候变'直八'了？"大师微微一笑："有些事是认不得'真'的。"

人生福祸相依，变化无常。少年气盛时，凡事斤斤计较，锱铢必究，这还情有可原。一个人年事渐长，阅历渐广，涵养渐深，对争取之事应看得淡些，不必太认真，要有宽饶之心，凡事顺其自然最好。

事实上，"糊涂"之意是指做人、处世不可太较真、太认死理，该糊涂时就糊涂。难得糊涂是心理环境免遭侵蚀的保护膜。在一些非原则性的问题上糊涂一下，无疑能提高心理承受力，避免不必要的精神痛楚和心理困惑。有了这层保护膜，会使你处乱不惊，遇烦不忧，以恬淡平和的心境对待各种生活中的紧张事件。

不过，如果要求一个人真正做到不较真、能容人，也不是简单的事，首先需要有良好的修养、善解人意的思维方法，并且需要从对方的角度设身处地地考虑和处理问题，多一些体谅和理解，就会多一些宽容、多一些和谐、多一些友谊。比如，有些人一旦做了管理者，便容不得下属出半点毛病，动辄捶胸顿足、横眉立目，下属畏之如虎，时间久了，必积怨成仇。想一想天下的事并不是你一人所能包揽的，何必因一点点毛病便与人置气呢？可如若调换一下位置，挨训的人也许就理解了上司的急躁情绪。

有位同事总抱怨他们家附近副食店卖酱油的售货员态度不好，像谁欠了她钱似的，后来同事的妻子打听到了女售货员的境况：丈夫有外遇离了婚，老母瘫痪在床，上小学的女儿患哮喘病，每月只能开500元工资，住一间9平方米的平房。难怪她一天到晚愁眉不展。这位同事从此再不计较她的态度了，甚至还想帮她一把，为她做些力所能及的事。

另外，在公共场所遇到不顺心的事，也实在不值得生气。素不相识的人冒犯你肯定是别有原因的，不知哪一件烦心事使他这一天情绪恶劣，行为失控，正巧让你赶上了，只要不是侮辱了人格，我们就应宽大为怀，不以为意，或以柔克刚，晓之以理。总之，不能与这位与你原本无仇无怨的人瞪着眼睛较劲。假如较起真来，大动肝火，刀对刀、枪对枪地干起来，酿出恶果，那就犯不上了。跟萍水相逢的陌路人较真，实在不是聪明人做的事。假如对方没有文化，一较真就等于把自己降低到对方的水平，很没面子。另外，对方的冒犯从某种程度上是发泄和转嫁痛苦，虽说我们没有分担他痛苦的义务，但客观上确实帮助了他，等于无形之中做了件善事，这样一想，也就豁然开朗了。

总之，该糊涂时就糊涂，不与人斤斤计较，在宽容他人的同时，也不会破坏自己的心情，所以，在不违背原则的情况下，适当的糊涂是一种大智慧。

感悟淡泊：

人生福祸相依，变化无常。少年气盛时，斤斤计较，锱铢必究，这还情有可原。一个人年事渐长，阅历渐广，涵养渐深，对争取之事应看得淡些，凡事不必太认真，要有宽饶之心，凡事顺其自然最好。

6.世事无常，凡事多留些余地

我国古代有个叫李密庵的学者，写过一首《半半歌》，诗云："饮酒半酣正好，花开半时偏妍，半帆张扇免翻颠，马放半鞭稳便。半少却饶滋味，半多反厌纠缠。百年苦乐半相掺，会占便宜只半。"意思是说，凡事要留有余地，不要不给自己和别人退路。

常留余地两三分，体现了人生的一种智慧。凡事留有余地，则自由度就增加。进也可、退也可，亲也可、疏也可，上也可、下也可，处于一种自由的境地，体现了一种立身处世的艺术。

阿朱小时候家里很穷。一天，有个客人到他家，家人以鱼招待客人，难得的诱人的鱼香，令阿朱垂涎不已。阿朱当时才六岁，还不懂得掩饰自己，他吵着要吃鱼。母亲答应了，但是有个条件：等客人吃饱后方可上桌。

阿朱不听："等客人吃饱了，鱼不就被他吃光了吗？"母亲答道："知礼的客人绝对不会将鱼翻过面来吃，另外一面一定还是好好的。不信你去窗边看看……"

阿朱来到窗边，踮着脚尖往里看，眼睛盯着桌上的那条鱼。

忽然间，客人用筷子把鱼翻了个身……阿朱失望地跑回厨房，扑进母亲怀里大哭起来。母亲也哭了，她不知该如何安抚阿朱的心。

阿朱是聪明的，他没因那次没有吃到鱼而遗憾，相反，却明白了一个做人的道理："凡事留有余地。"

常留余地两三分，这是因为，世界上的事变幻不定，常常有许多意想不到的不利因素产生作用。人外有人，天外有天。人不要总是赢人，要留一些给别人赢；不要老想占上风，要给别人一些尊严。这样，自己才能不断进步，人际关系才能更和谐。一句话，为人处世还是谦虚谨慎些的好。如果目中无人，骄傲自满，就容易碰壁、栽跟头。

唐朝时代，有一位德山大师，精研律藏，而且通达诸经，其中尤以讲《金刚般若波罗蜜经》最为得意。因俗姓周，故得了个"周金刚"的美称。

当时，禅宗在南方很盛行，德山大师就大不以为然地说："出家沙门，千劫学佛的威仪，万劫学佛的细行，都不一定能学成佛道，南方这些禅宗的魔子魔孙，竟敢妄说'直指人心，见性成佛'，我一定要直捣他们的巢窟，灭掉这些孽种，来报答佛恩。"

于是德山大师挑着自己所写的《青龙疏钞》，浩浩荡荡地出了四川，走向湖南的澧阳。

一日途中，突然觉得饥肠辘辘，看到前面有一家茶店，店里有位老婆婆正在卖烧饼，德山大师就到店里想买个饼充饥。老婆婆见德山大师挑着那一大担东西，便好奇地问道：

"这么大的担子，里面装的是什么东西？"

"是《青龙疏钞》。"

"《青龙疏钞》是什么？"

"是我为《金刚般若波罗蜜经》作的批注。"德山大师对于自己的著作，表现出很得意的神情。

卷六
处世不可太较真，要包容

"这么说，大师对于《金刚般若波罗蜜经》很有研究？"

"可以这么说！"

"那我有一个问题想请教您，您若能答得出来，我就供养您点心；若答不出来，对不起，请您赶快离开此地。"

德山大师心想："讲解《金刚般若波罗蜜经》是我最擅长的，任你一位老太婆，怎么可能轻易就难倒我！"随即毫不在意地说："有什么问题，你尽管提出来好了！"

老婆婆奉上了饼，说道："在《金刚般若波罗蜜经》中说'过去心不可得，现在心不可得，未来心不可得'，不知大师您是要点哪一个心？"

德山大师经老婆婆这么一问，呆立半晌，竟然答不出一句话来。他心中又惭愧又懊恼，只好挑起那一大担的《青龙疏钞》怅然离去。

德山大师受到这次教训后，再也不敢轻视禅门中修行之人，后来来到龙潭，至诚参谒龙潭祖师，从此勇猛精进，最后终于大彻大悟。

世事无常，凡事多留些余地，多些宽容，这是一条重要的做人准则。在你留有余地的同时，别人也会因此而受益匪浅。

待人对己都要留有余地。好朋友不要如影随形，如胶似漆，不妨保持一点距离。是冤家也不要把人说得全无是处。对崇拜的人不要说得完美无缺，对有错误的人不要以为其一无是处。不要把自己看得像朵花，看别人都是豆腐渣。不要以为自己的判断绝对正确，宜常留一点余地。

一幅画上必须留有空白，有了空白才虚实相间，错落有致。有余地才更加符合实际，才更加充满希望。当然，留有余地不是一种立身处世的圆滑，不是有力不肯使，也不是逢人只说三分话，而是对世界、对自己抱一种知己知彼的理性态度，是对鉴于世界的复杂性和自身能力的有限性所采取的一种理智的人生策略。

感悟淡泊：

常留余地两三分，这是因为，世界上的事变幻不定，常常有许多意想不到的不利因素产生作用。人外有人，天外有天。人不要总是赢人，要留一些给别人赢；不要老想占上风，要给别人一些尊严。这样，自己才能不断进步，人际关系才能更和谐。

7.在细节之处过于较真的人是令人讨厌的

我们每天都会经历这样或那样的事，每件事的重要性也不尽相同，有的事情至关重要，而有的则无关紧要。重要的事情固然应当认真对待，然而如果小题大做，成天为无聊的小事而发愁的话，是无法成就大事的。当然，一些在无聊的细节之处过于较真的人，在社交中也是令人讨厌的。

布莱恩有一次在一家小旅馆住宿。

午夜时分，他忽然听到浴室中有一种奇怪的声音。过了一会儿，布莱恩看见一只老鼠跳上镜台，然后又跳下地，在地板上做了些怪异的"老鼠体操"。后来它又跑回浴室，使布莱恩一夜都没睡好觉。

第二天早晨，他对打扫房间的女侍说："这间房里有老鼠，夜里出来，吵了我一夜。"女侍说："这旅馆里没有老鼠。这是头等旅馆，而且所有的房间都刚刚刷过漆。"

布莱恩下楼时对电梯司机说："你们的女侍倒真忠心。我告诉她说昨天晚上有只老鼠吵了我一夜，她说那是我的幻觉。"

没想到，电梯司机说："她说得对。这里绝对没有老鼠！"

布莱恩的话被他们传开了。柜台服务员和门口看门的在他走过时都用怪异的眼光看他。

第二天早晨，他到店里买了只老鼠笼和一包咸肉。他把这两件东西包好，偷偷带进旅馆，不让当时值班的员工看见。翌日早晨他起床时，看到老鼠在笼里，既是活的，又没有受伤。他心想，我将证据摆在他们面前，他们还怎样说我无中生有！

但在他准备走出房门时，忽然间意识到，如此做法，是否有些小题大做？岂不是显得自己太无聊，而且很讨人厌吗？

于是布莱恩赶快轻轻走回房间，把老鼠放出，让它从窗外宽阔的窗台跑到邻屋的屋顶上去了。

半小时后，布莱恩退掉房间，离开旅馆，出门时把空老鼠笼递给侍者。他发现，厅中的人都向他微笑点头，目送着他推门而去。

如果布莱恩真的将老鼠带给前台，诚然能够证明他并没有说错，但同时他也证明了自己是多么的惹人讨厌。如果他真的这么做，那么他并不是赢家，而只是一个无聊而又可笑的失败者。人生在世，往往会过于较真，为了证明自己是对的，而在一些无伤大雅的细节之处过分纠缠，然而花费了不少气力和心思之后，不仅不能得到他人的认同，还可能惹人生厌。反之，如能像布莱恩一样，明智地选择放下心中的执念，不再执着于使人们信服旅馆中确实有老鼠，那么他失去的，仅仅是证明自己的正确之后所获得的转瞬即逝的满足感，然而却收获了他人的认同以及发自内心的赞许。在这里，布莱恩显示出了自己的智慧，同时也告诉我们，不要为无聊的小事小题大做，这样无知亦无聊。放下对无谓的细节的纠缠，方能获得内心的畅快与释然。

感悟淡泊：

做人做事不要过于较真，别为了证明自己是对的而在一些无伤大雅的细节之处过分纠缠，你花费了不少气力和心思之后，不仅不能得到他人的认同，还可能惹人生厌。不如把心放开，凡事淡泊一点，您心若苍穹，别人才能看见你的博大。

8. "聪明人"常常容易吃大亏

一些人自诩为聪明人，一副精明过人的样子，总是持有"不肯吃亏"的心理，摆出一副寸土必争的姿态去面对生活中一些鸡毛蒜皮的小事。他们做人的原则就是不吃半点亏，但实际上恰恰是这样的"聪明人"容易吃大亏。

一只绵羊和一只病愈没多久的牧羊犬在野外散步，绵羊虽然一副神态庄重的样子，但头脑却是空空一片，不想任何事情。走了一会儿路，它们来到一片青翠的草地，绵羊似乎有点饿了，大嚼起美味的青草来，这块草地的草特别合它的胃口，绵羊吃得很是满意。牧羊犬看到绵羊吃得津津有味，也感到腹中有些饥饿，就对绵羊说："亲爱的伙伴，你能否帮我去买一根可口的香肠？"这个时候的绵羊只顾自己吃草，怕浪费了这大好时光，影响进餐，对牧羊犬的请求置之不理。等它吃饱后，才懒洋洋地对牧羊犬说道："等我好好消化消化，一会儿就给你去买，消化的时间不会很长的，你慢慢等着吧。"

过了很久，绵羊仍没有去买香肠的打算，于是，牧羊犬拖着虚弱的身体，告别绵羊，独自去买香肠。谁知道，早已在暗中埋伏的狼，见牧羊犬一走，就扑向了绵羊。尽管绵羊急忙呼唤牧羊犬来保护自己，但此时已见不到牧羊犬的踪影。可怜的绵羊最终没有逃出狼口。

我们可以设想一下，如果绵羊帮牧羊犬买香肠，最后的结局是否还会如此悲惨？事实上，绵羊贪图眼前的草地，不肯为别人牺牲自己的一点点利益，结果丧失了性命。

有一则有趣的现代故事：有一个乡下的青年，因为牙齿坏了，来到街市寻找牙医欲拔掉那颗坏牙。问医师说："拔一颗牙要多少钱？"牙师说："一颗牙五百元，拔两颗八百元。"青年想："难得跑一趟街市，只拔一颗浪费时间和金钱，既然拔两颗牙比较便宜，就拔两颗，省得再跑一趟，又省钱。"所以就拔了两颗牙。

本来只有一颗坏牙，因贪便宜而拔了两颗，真是聪明反被聪明误。

在与人交往中，我们也不能贪小便宜。因为人与人之间的交往都是相互的，你对别人算计，也许一次两次别人没有发觉，但是时间长了，大家就会了解你是一个什么样的人了。爱计较的人，也许也会以同样的方式来对待你；不爱计较的人，也会因为你的过于算计和贪婪而对你产生反感，从而对你敬而远之。

在人生道路上，要放下你的"贪小便宜"观念。否则，时间久了，你就会发现，其实你一直都如一首歌里唱的，"算来算去算自己"。

感悟淡泊：

人与人之间的交往都是相互的，你对别人算计，也许一次两次别人没有发觉，但是时间长了，大家就会了解你是一个什么样的人了。爱计较的人，也许也会以同样的方式来对待你；不爱计较的人，也会因为你的过于算计和贪婪而对你产生反感，从而对你敬而远之。

卷七
定位准确不浮躁，要平和

　　当今社会充满了诱惑和浮躁，瞬息万变的时代和无处不在的竞争，已经让很多人失去了应有的冷静与平和，甚至错了位。年轻人中想一夜暴富的大有人在。社会迫切需要一大批淡泊之人，能静下心来、甘于寂寞，扎扎实实做事、做学问。所以，一定要给自己定好位，别脱离了正确的轨道，否则将有人仰马翻的危险。

1.你有你的价值，不必羡慕别人

不必羡慕别人的美丽花园，因为你也有自己的乐土，也许你的花不如别人的漂亮名贵，但是你的花可能会给人类提供更多观赏以外的价值，这便是别人的花没有的优势。

一个挑夫有两个水桶，分别吊在扁担的两头，其中一个水桶有裂缝，另一个则完好无缺。在每趟长途的挑运之后，完好无缺的水桶总是能将满满一桶水从溪边送到主人家中，但是有裂缝的水桶到达主人家时，却只剩下半桶水。

两年来，挑夫就这样每天挑一桶半的水到主人家。当然，好水桶对自己能够送整桶水深感自豪；破水桶呢，对于自己的缺陷则感到非常羞愧，它为自己只能负起一半的责任感到非常难过，它特别羡慕好水桶的完整。

它终于忍不住了，在小溪旁对挑夫说："我很惭愧，必须向你道歉。"

"为什么呢？"挑夫问道，"你为什么觉得惭愧？""过去两年，因为水从我这边一路地漏，我只能送半桶水到你主人家，我的缺陷，使你做了全部的工作，却只收到一半的成果。"破水桶说。挑夫却对破水桶说："我们回主人家的路上，我要你留意路旁盛开的花朵。"

果真，他们走在山坡上，破水桶眼前一亮，它看到缤纷的花朵开满路的一旁，沐浴在温暖的阳光之下，这景象使它开心了许多。但是，走到小路的尽头，它又难受了，因为一半的水又在路上漏掉了！破水桶再次向挑夫道歉，挑夫说："你有没有注意到小路两旁，只有你的那一边有花，好水桶的那一边却没有开花呢？我明白你有缺陷，因此我善加利用，在你那边的路旁撒了花种，每回我从溪边回来，你就替我浇了一路花！

"两年来，这些美丽的花朵装饰了主人的餐桌。如果你不是这个样子，主人的餐桌上也没有这么好看的花朵了！"

命运赐给我们欢乐和机遇，同时也给了我们缺憾与苦难，我们没有必要怨天尤人，更不必以偏概全、畏缩自卑。用豁达、宽容的态度对待生活，就会减少许多无奈与烦恼，多一些欢乐与阳光。唯有如此，才能做命运的主人。

每个人都有自己存在的价值，你羡慕别人的生活比你快乐吗？你认为他的日子过得比你好吗？然而，你看过他们生活中的另一面吗？

在河的两岸，分别住着一个和尚与一个农夫。

和尚每天看着农夫日出而作，日落而息，生活看起来非常充实，令他相当羡慕。而农夫也在对岸，看见和尚每天都是无忧无虑地诵经、敲钟，生活十分轻松，令他非常向往。因此，在他们的心中产生了一个共同的念头："真想到对岸去！换个新生活！"

有一天，他们碰巧见面了，两人商谈一番，达成了交换身份的协议，农夫变成和尚，而和尚则变成农夫。

当农夫来到和尚的生活环境后，这才发现，和尚的日子一点也不好过，那种敲钟、诵经的工作，看起来很悠闲，事实上却非常烦琐，每个步骤都不能遗漏。更重要的是，僧侣刻板单调的生活非常枯燥乏味，虽然悠闲，却让他觉得无所适从。

于是，成为和尚的农夫，每天敲钟、诵经之余都坐在岸边，羡慕地看着在彼岸快乐工作的其他农夫。

至于做了农夫的和尚，重返尘世后，痛苦比那位农夫还要多。每天都要面对俗世的烦忧、辛劳与困惑，让他非常怀念当和尚的日子。

因而他也和农夫一样，每天坐在岸边，羡慕地看着对岸步履缓慢的其他和尚，并静静地聆听彼岸传来的诵经声。

这时，在他们的心中，同时响起了另一个声音："回去吧！那里才是真正适合我的生活！"

不必羡慕别人的笑容，那也许只是苦中作乐或是强颜欢笑。我们总是习惯于羡慕别人，但很少有人想到羡慕自己。也许，只有懂得羡慕自己的人，才是真正值得羡慕的人。

一个人来到这个世界上，总有许多值得别人羡慕的地方，即使处在人生的低潮亦然如此。比如我们现在的学习非常累，但我们为了理想而奋斗，生活很充实；一个人事业受挫了，但他还有成功的机会；一个人下岗了，但他还有健康的体魄，一切都可以从头开始。和那些更不幸的人相比，这一切太值得羡慕了，也太应该珍惜了。

感悟淡泊：

人生不需要太圆满，有个缺口让福气流向别人也是件很美的事。懂得每个人的生命都有欠缺，就不会与他人做无谓的比较，反而更珍惜自己所拥有的一切。好好数数上苍给你的东西，你会发现自己所拥有的其实很多，而缺少的那一部分，虽不可爱，却也是你生命中的一部分，接受它并善待它，你的人生会快乐很多。

2.做个平常人没什么不好

平常就是普普通通，平常就是平平淡淡。当然，如果让人们选择普普通通、平平淡淡的日子去过，大多数人还是不乐意的，因为这样的日子没有波澜壮阔、没有惊天动地、没有风光、没有鲜花、没有掌声。但是，也许你没有想过，你周围那些快乐的人，他们之所以快乐，就是因为他们珍惜平常，喜欢过一种平常的生活，他们的生命旅程也因平常而丰满。

下面这个寓言故事就说明了这个道理。

一直以来，小白兔都是靠种青菜、萝卜为生，过着一种清苦的生活。而狐狸呢，从来就不到地里劳动。它今天到农夫家叼一只鸡，明天到牧人那里偷一只羊，因为顿顿吃荤，所以自我感觉日子过得有滋有味。

一天，狐狸去拜访小白兔，并告诉小白兔自己平时都吃些什么。小白兔听后，心里很是羡慕狐狸所过的那种生活。但它不愿去偷去抢，所以只好一年到头只吃青菜和萝卜。

狐狸向小白兔告辞时，轻蔑地说："你真愚蠢！活该一辈子劳动，一辈子吃素。"

自认为聪明的狐狸在冬天来临时，因为家里没有贮藏的粮食，加之大雪封山，它无法下山偷鸡抢羊，竟被活活地饿死了。

小白兔守着青菜、萝卜，一辈子过得安逸、舒适；狐狸虽然吃过很多美味，但最终还是被饿死了。人生也如此，你甘于平凡、甘于平淡，就能收获满足、收获快乐；你追求刺激、追求享受，到头来往往落得两手空空。

就像狐狸一样，我们对于平常的无端蔑视和漫不经心，也是我们最经常、最易犯的错误之一。然而，竟有那样多的人对平常总是不屑一顾，尽管他们几乎一生都是在平平常常中度过。

平常之所以值得珍惜，既是因为它存在于现实之中，每个人都毫无例外地拥有它，又是因为它深潜着理想基因，并非每个人都能发掘，而且一旦失去之后，它就会显示出惊人的价值和增值的能力。

一位国外知名作家在失去自由隐居一年之后，有人问他最想念什么，他深有感触地回答："我想念的是平常的生活。在街头散步，到书店里从容浏览书籍，到杂货店里买东西，到电影院去看一场电影……我想念的只是这些平常的小事情，你有这些事情可做时，认为一点不重要，当你不能做的时候，才知道那是生命中的要素，是真正的生命。取消这些事情，是最大的剥夺。"这段表白，真是再朴素不过地阐述了平常的价值。

没有把平常日子过好的人，不会品味到人生的幸福；没有珍惜平常的人，不会创造出惊天动地的伟业。珍惜平常，你就能够时时品味到生活中的快乐。

然而，生活中大多数人都不会选择平常，甘于平常。

当一杯水和一杯咖啡摆放在人们的面前，我确定大多数的人都会选择咖啡，认为它芳香浓郁，而水太平凡、太普通。然而，却没有想过，这杯咖啡是用水来冲的，如果没有水，也不会有这样的咖啡。而人们却只赞赏咖啡，忘了去赞赏水。

你也许有过这样的感觉：当你走在宽阔的大街上，两旁高楼林立，你也许会赞叹它的别具一格，而你却忘了那些为你遮挡风雨、酷暑的参天大树；当你漫步于苏州园林，亭台轩榭，你也许会赞叹匠师们的匠心独运，而你却忘了那些保持幽雅环境的环卫工人；当你站在公园里，看见的是一片花的海洋，你看到那鲜花美丽芬芳，而你却忘了那些为这些花施肥浇水的园丁……正是有了这些平凡的人，才造就了今天不平凡的景象，就像好花还需绿叶扶一样。

曾有一位哲人这样说过："上帝不是让你做非凡的事，而是让你在平凡的岗位上做出非凡的事。"我们之所以觉得自己平常、渺小，是因为不懂得用欣赏的眼光看待平常。

欣赏是一种生活态度，欣赏是一种境界，更是一种气度。学会欣赏，人生的路途便不会漫长，人生的色彩便会斑斓，人生便更充满了乐趣。懂得欣赏，你便会处世从容，心态平和，在生活中充满智慧。

一个不会欣赏或欣赏力低下的人，生活的宽度和广度极其有限，多姿多彩的人生韵味和情调也无从领略。学会欣赏，人生的旅途会发现更多的美丽和情韵，自身的胸襟和生存的意义更加博大广泛；用欣赏的心态和眼光待人行事，我们的人生将进入一个更高的境界。

有这样一个故事能很好地说明欣赏对于平凡的意义。

一位年轻人来到绿洲，碰到一位老先生，年轻人便问："这里如何？"老人家反问说："你的家乡如何？"年轻人回答："糟透了！我很讨厌。"老人家接着说："那你快走，这里同你的家乡一样糟。"后来又来了另一个青年问同样的问题，老人家也同样反问，青年回答说："我的家乡很好，我很想念家乡的人、花、事物……"老人家便说："这里也同样好。"旁听者觉得诧异，问老人家为何前后说法不一致。老者说："你要寻找什么，你就会找到什么！"

用欣赏的目光打量世界吧！欣赏清晨的露珠，你会发现整个世界都是透亮的；欣赏一轮明月，你会觉得身边的一切都是皎洁的；欣赏一株小草，你就得到满眼的绿；欣赏一朵小花，整个季节都变得灿烂；那么，欣赏世界吧，世界会回报你微笑！

希腊神话中大力士西西佛斯因触犯了天神，被罚以一种永无止歇的苦刑：将一块大石头从奥林匹斯山下推到山上，但由于诅咒的力量，巨石抵达山顶的刹那就会自动滚到山下。周而复始，西西佛斯永没有完成使命的一天，永远重复同样劳苦无望的命运。

然而有一天，西西佛斯在搬运巨石的途中，忽然觉得自己搬动巨石的每个动作都那么美，他专注地观察自己全力以赴的每个当下，都具有独一无二的尊贵感——这时，所有的劳苦、疲惫、绝望忽然全都消失了，他全心全意享受这份苦役，不再抱怨、焦虑，只是凝注在当下那个动作的美感中。奇妙的事发生了，诅咒竟然在这一刹那解除，巨石不再滚回山下，西西佛斯从永无止境的苦役中重获自由。

故事虽有神话的意味，但却在告诉大家：我们生活在一个五彩斑斓的世界，在这个世界里有着美丽的风景，学会以欣赏的眼光来看待平凡的世界，困难也会给你让路。

大多数人都属于平常的人，过着平常的生活，经历着平常的事情，每天朝迎旭日升，目送夕阳下，平平淡淡，周而复始地过了一天又一天，平淡无奇、波澜不惊的日子让许多人觉着无趣无味，心里企盼着自己平常的生活也能起些风浪，荡起几圈涟漪，若再能轰轰烈烈地活一回，也算不枉此生了。也有些人因自己太过平凡而整日感叹、惆怅，伴随着莫名的怅然与失意，甚至怨天尤人。

朋友，别为平常而伤感，别为平常而烦恼，因为恰恰是这无数个平常的日子组成了我们多彩的人生，这无数个平常的事物组成了缤纷绚丽的大千世界，这无数个平常的人用勤劳的双手建造了我们美丽的家园！

小草很平常，却为我们带来了绿色与感动，为我们展现了坚忍不拔与顽强不屈；春风很平常，却为我们带来了无限春光与盎然生机，为我们扫除了冬日的寒冷，带来了温暖的气息；星星很平常，却为我们带来了点点的星光与无限的遐思；月光很平常，却为我们开辟了想象的空间，带来了浪漫的情怀。

水滴平常，但它滴落地面后却留下了轻轻的痕迹，力求让自己问心无愧！风儿平常，微风吹过时却拂起了你的发丝。云儿平常，白云飘过时却遗下了云淡风轻的美丽。你我平常，却在人生的道路上留下了一行行歪歪扭扭的脚印！

不必羡慕高山的伟岸，因为那连绵起伏的丘陵也一样挺拔；不必艳羡苍鹰的矫健双翅，因为那小小的麻雀也能在蓝天自由飞翔；不必暗恋鲜花的漂亮，因为昨日的黄花更有成熟、迷人的风韵；不必向往那骄奢淫逸的生活，因为那简单的生活才是快乐的；不必追求大起大落的人生，因为平常的人生也一样美丽！

不必悲叹自己太平常，不必感慨这一生太平常，你要明白，平常的人同样可以拥有不平常的心态，平常的人同样可以做出不平常的事情，以淡泊的心境度过平凡而又真实的一生吧！雷峰一生所做的事都很平常，但他依然是我们学习的榜样，他的美名依然代代流传；孔繁森所做的事也很平常，但他依然是我们的楷模，他的先进事迹仍然让许多人感动着；平民英雄周光裕更是平常的人，但他却闪出了耀眼的火花……伟大出自平常，平常孕育了伟大，那些伟人所拥有的一切，你不一定全部拥有，但是你所拥有的东西那些伟人也不一定会有，你同样也有令人羡慕的资本，你同样也有值得骄傲的优点。行走时，你也是一道靓丽的风景，驻足时，你又是一幅迷人的图画！

我们平常但绝不能平庸，更不能自暴自弃。不懈地努力，不断地追求，在平常的岗位上一样能做出杰出的贡献，平常的生活也一样能多姿多彩，平常的人生也一样能璀璨夺目！

感悟淡泊：

你甘于平常，甘于平淡，就能收获满足，收获快乐；你追求刺激，追求享受，到头来往往落得两手空空。没有把平常日子过好的人，不会品味到人生的幸福；没有珍惜平常的人，不会创造出惊天动地的伟业。珍惜平常，你就能够时时品味到生活中的快乐。

3.不要抱怨自己暂时的默默无闻

从前，在一座寺中有一个小和尚，他从小就出家了，是寺里的和尚们把他抚养长大的。他很勤劳，每天天还蒙蒙亮，他就要去担水、打扫；做过早课后要去寺后的市镇上购买寺中一日所需的日常用品；回来后，还要干一些杂活；晚上还要读经到深夜。就这样，过了十年。

有一天，小和尚有了点空，就和其他小和尚在一起聊天。他发现别的小和尚都过得很清闲，只有他一个人整天在忙忙碌碌。他发现，虽然别的小和尚偶然也会被分派下山购物，但他们去的是山前的市镇，路途平坦而且也比较近，买的东西也都是比较轻便好拿的。而十年来方丈一直让他去寺后的市镇，要翻越两座山，道路崎岖难走，回来时肩上还要背着米或者油等很重的东西。小和尚很奇怪，他就跑去问方丈："为什么别人都比我自在呢？没有人强迫他们干活读经，而我却要每天都干个不停呢？"方丈没有回答，只是微笑。

第二天中午，当小和尚扛着一袋小米从后山走回来时，发现方丈正在等着他。方丈把他带到前门，自己就在那里坐下读经，让小和尚在旁边等着。太阳快要下山了，前面山路上出现了几个小和尚的身影，当他们看到方丈时，一下愣住了。方丈问那几个小和尚："我一大早让你们去买盐，路那么近，又那么平坦，怎么回来得这么晚呢？"

几个小和尚面面相觑，说："方丈，我们说说笑笑，看看风景，就到了这个时候。十年了，每天都是这样的啊！"

方丈又问站在自己身旁的小和尚："寺后的市镇那么远，翻山越岭，山路崎岖，你又扛了那么重的东西，为什么回来得还要早些呢？"小和尚说："我每天在路上都想着早去早回，因为肩上的东西重，我才更小心地走，所以反而走得又稳又快。十年了，我已经养成了习惯，心里只有目标，没有道路了。"

方丈听了他这一番话，就笑了，说："道路平坦了，心反而不在目标上了。只有在坎坷的路上行走，才能磨炼一个人的心志啊！"

几个月后，寺里忽然严格考核所有的和尚，从体力到毅力，从经书到悟性，面面俱到。小和尚因为有了十年的磨炼，所以一下子脱颖而出，被选拔出来去完成一项特殊的使命。在其他和尚羡慕和钦佩的目光中，小和尚坚毅地走出了寺门。

这个当年的小和尚就是后来著名的玄奘法师。在去西方取经的路上，虽然艰险重重，他的心却一直闪着执着的光。历尽千辛万苦，他终于完成了自己神圣的使命，成为历史上有名的大法师。

生活中，因为不能忍受前行的孤独和枯燥，有一部分人中途改道了，有一些人半路折回了，还有一部分人放慢脚步去欣赏沿途风景了。能够执着、坚定地走那些崎岖小道的人，只有一小部分。那些一心埋头走路的人，纵然会忽略沿途许多美丽的风景，却能明晓自己的每一步迈向何处。跋涉之途是否花香满径，他们是不会在意的。对于这些真正值得喝彩的人，喝彩，反倒成了煞风景的惊扰。

在现实生活中，鲜花与掌声本来只馈赠给那些风雨无阻的前行者。喝彩，本是人们对那些闪烁着真善美光辉的人和事的真诚赞颂，是人们内心对人性的亮点情不自禁的共鸣。由衷的喝彩，对于自卑和脆弱的人，确是一根能支撑其前行的手杖。但在这个浮躁的时代，许多喝彩成了随意的问候或礼节性的安慰，甚至不乏谄媚的精神"贿赂"。正如太多的泡沫只会令人窒息而不能将其抬升一样，廉价的掌声和无端的喝彩总是让陶醉其中的人们放慢了前行的脚步，失去应有的淡定。

千万不要抱怨自己暂时的默默无闻，千万不要担心自己暂时的卑微渺小，千万不要去刻意追求那些无谓的掌声与喝彩，春天不是因为芳香才到来，鲜花亦不是因为赞美才芬芳。

无人喝彩，我们依然要淡定而执着地前行！

感悟淡泊：

千万不要抱怨自己暂时的默默无闻，千万不要担心自己暂时的卑微渺小，千万不要去刻意追求那些无谓的掌声与喝彩，春天不是因为芳香才到来，鲜花亦不是因为赞美才芬芳。

4.不要幻想突然脱胎换骨

《礼记·大学》中有段话："苟日新，日日新，又日新。"老子在《道德经》中说："合抱之木，生于毫末，九层之台，起于累土，千里之行，始于足下。"这些都说明了质变是在量变积累到一定程度时发生的。所以说，我们不要幻想自己能突然脱胎换骨，一夜成名。要知道，从平凡到优秀再到卓越并不是一件神奇的事。只要别急进，别浮躁，淡淡地求进，每天进步一点点，完全可以达到。

华盛顿一家公司被法国一家公司兼并了，在兼并合同签订当天，公司新总裁就宣布："公司不会随意裁减人员，但如果你的法语水平太低，无法和其他员工交流，那么，公司不得不请你离开。这个周末公司将进行一次法语考试，考试及格的人留在公司继续工作，不及格的人则要离开了。"

听到这个郑重的宣布，人们心里都没底，几乎所有的人都涌向了图书馆，他们这时才想起补习法语。只有一位员工例外，他没有去图书馆，直接回家了，别人还以为他要放弃这里的工作呢。

周末如期进行了法语考试，两天后宣布考试结果。令所有人吃惊的是，这个在大家眼中肯定是没希望的人却考了最高分。

人们感觉很奇怪，就问这位员工为什么。这个人告诉他们，他在大学刚毕业来到这家公司之后，就已经认识到自己身上有很多不足了，从那时起，他就有意识地学习提高自己。他看到公司的法国客户很多，但自己不会法语，每次与客户的往来邮件与合同文本都要公司的翻译帮忙。但翻译并不是只对他负责的，公司的很多事情都要由翻译来做，所以难免有顾不上的时候，这样他自己的工作就没有办法进行。因此，他慢慢意识到法语对他的重要性，就开始自学法语。

而学习一门语言也不是那么容易的事情，在于坚持和积累，他一边工作一边学习，难度就更大了，那么他是如何解决工作与学习之间的矛盾的呢？他说："只要每天记住10个法语单词，一年下来我就会3600多个单词了。"

就是靠一天记住一点点，他学会了法语。

前洛杉矶湖人队的教练派特雷利在湖人队处于最低潮时，告诉球队的队员说："今年我们只要每人比去年进步1%就好，有没有问题？"球员们一听，才1%，很容易。高声回答："没问题！"

于是那一年湖人队在罚球、抢篮板、助攻、抄截、防守五方面都各进步了1%，结果居然得了冠军。

当有人问派特雷利教练如何在一年的时间内取得成功时，他说："每人在五个方面各进步1%，则为5%，12人一共60%，一年进步60%的球队，你说能不得冠军吗？"

这就是成功法则。只要我们每天也遵循这个法则，让自己每天进步1%，就不用担心自己不成功了。只要今天比昨天进步了1%，并且无止境地进步，就是我们人生不断走向卓越的基础。

人生有时候就差那么一点点，如果我们每天与别人差一点点，几年下来，几十年下来，差距就会很大。

感悟淡泊：

我们制订一个计划，要求自己每天进步一点点，包括在重新塑造自己方面，永不停止向前迈进的脚步，过不了多长时间，我们就会发现自己已经进步了许多，我们的生活和工作也都大变样了。

淡

泊

5.认清现实，并认真持久地学习

如果我们希望取得某种现实而有目的的改变，那么，我们必须采取某种现实而有目的的行动，这对于我们是否能够主宰自己的生活至关重要。

为了主宰自己的生活，我们就要积极地行动。其实，每个人都具备充分发挥上帝赋予我们的潜能的必要工具、能力和条件。但是，真正想发挥出潜能，就一定要去实际地做事情——目标明确且持之以恒地去行动。当然，这种行动的基础绝不是一颗贪妄、急功近利之心，而是平和淡泊的心境，保持这样的心境，才能认真持久地学习和进步。

1915年，俄国一位27岁的青年写了一篇作品《愚笨的一天》，寄给了当时《记事月刊》的编辑高尔基。两周之后，高尔基退回了原稿，并附上一封信："故事的题材很有趣，但写得不好：没有写出背景，对话没有趣味，主人的体验的戏剧性写得不清楚。你再试试写点别的东西吧。"

从此，这位青年13年没有动笔。他悲观失望了吗？没有。十月革命后，他领导了"高尔基工学团"，使一批被旧生活残酷蹂躏的流浪儿变成了社会新人。在教育、改造"流浪儿"的过程中，他阅读了古典文学名著，投入生活激流，写了大量的读书笔记，搜集、整理了"流浪儿"在苏联党和政府的关怀下健康成长的生活史实。高尔基从意大利回国后，特意来到了"高尔基工学团"，并跟这些失足青少年生活了三天。高尔基在与"流浪儿"愉快、亲密的交流中，不仅巩固了他与"流浪儿"建立起来的深厚情谊，而且看到了当时国内到处存在的儿童流浪和儿童犯罪的现象，以及一位青年是用怎样的态度和方法去挽救这些"流浪儿"的。尤其是，高尔基听了这位青年的汇报后，对于他在教育、改造失足青年中付出的艰苦劳动十分感动。高尔基热情鼓励他一定要把这段有意义的生活记录下来，请他写一部书。高尔基说："你做的这一切真使我感动，你应该把这一切都写出来，不应沉默，不应该把你在艰苦工作中获得的成就秘而不宣。写一本书吧！"这位青年在十几年生活积累的基础上，在高尔基热情的帮助下，只用了两个月的时间，就创作了一部著名的长篇小说《教育诗》。

《教育诗》的扉页上写道："谨以一片忠诚和热爱，献给我们的领导人、友人和导师马克西姆·高尔基。"

这位青年就是后来的苏联著名教育家、作家马卡连柯。马卡连柯在回忆13年前的往事时说："读高尔基的退稿信时，我非常明白，我没有写作本领，我需要学习。很可能，在我心灵的深处已经留下一道不愉快的印痕，但是，我认真地持久地学习着。"

接到退稿信后不气馁，认真弥补自身的不足，通过勤奋的学习，终于取得了成功，这就是马卡连柯留给我们的重要启迪。

一个人度过一生的方式有很多。有的人可能听天由命终其一生，逆来顺受、麻木不仁；有的人可能沿着父辈安排好的一切循规蹈矩地生活着，按部就班、无忧无虑；有的人可能会因遇到波折而一蹶不振、怨天尤人、失去斗志；有的人可能尽管困难重重但仍然一往无前、披荆斩棘、苦尽甘来。我们应该成为最后这种人。

生命对于每个人只有一次，只有不曾放弃年轻时梦想的人生才会更富有内涵，更值得回味，也才会弥香久远。"不经一番寒彻骨，哪得梅花扑鼻香？"蜡梅不曾放弃冬的严寒，傲立雪中，才迸发出了独特的生命芬芳。

没有追求的生命是暗淡无光的。追求让生命大放异彩，生命在追求中闪光！

感悟淡泊：

真正想发挥出潜能，就一定要去实际地做事情——目标明确且持之以恒地去行动。当然，这种行动的基础绝不是一颗贪妄、急功近利之心，而是平和淡泊的心境，保持这样的心境，才能认真持久地学习和进步。

6.耐住寂寞不浮躁，心平气和不乱套

当今社会充满了诱惑和浮躁，处处是美酒佳肴、香车美女、金钱权力。瞬息万变的时代、无处不在的竞争，已经让很多人失去了应有的冷静与平和，甚至错了位。年轻人中想一夜暴富的大有人在。社会迫切需要一大批静下心来、甘于寂寞，扎扎实实做事、做学问的人。

古时候，有一个年轻人想学剑法。于是，他就找到当时武术界最有名气的一位老师父拜师学艺。师父答应了他的请求，先是把一套剑法传授给了他，并叮嘱他要刻苦练习。一天，年轻人问师父："如果照我现在的状态练下去，需要多长时间能够成功呢？"师父回答："大约三个月。"年轻人又问："如果我晚上不睡觉，继续练习，需要多久才能够成功？"师父回答："需要三年。"年轻人吃了一惊，继续问道："如果我白天黑夜都用来练剑，吃饭走路也想着练剑，又需要多久才能够成功？"老者微微笑道："30年。"年轻人愕然。

不浮躁是一种心境，远离浮躁就是要正确认识自己，摆正自己的位置，做到不以物喜，不以己悲；得之淡然，失之泰然。浮躁使人的心态失衡，无法心平气和地对待自己的工作和生活。不浮躁的人面对崎岖险峻的山路却能燃起征服的欲望，面对美色横财才能坐怀不乱。

不浮躁是一种态度，远离浮躁并不代表就是不求上进，碌碌无为，而是能坚守"一分耕耘，一分收获"的信念，这样的人最终将收获成功的

喜悦。曾经有段时间，连续剧《士兵突击》异常火爆，是广大观众被许三多不抛弃、不放弃的持之以恒所震撼，剧中的许三多成了机会主义的反义词，成了这个浮躁社会的镇静剂。

不浮躁才能干成事，浮躁的人追求的是急功近利、一夜成名、一步登天。不浮躁的人懂得"临渊羡鱼不如退而结网"，"退而结网"不是惧怕退缩，而是先织好结实的一张网，做好充分的准备工作，从而网到大鱼。只有扎扎实实、认认真真、兢兢业业工作的人，才能取得实实在在的成功。

韩愈在一千多年前已经劝告我们："业精于勤，荒于嬉；行成于思，毁于随。"我们在这个浮躁的社会面前，应该以平和的心态，经受住种种诱惑，努力钻研业务知识，守住清贫，耐住寂寞，认认真真学习、扎扎实实工作、踏踏实实做人。

有一位著名的学者曾经说过："所谓人生就是背着沉重的行李去赶一条长长的路，着急是绝对不行的。生活中处处充满着竞争，天上不会掉馅饼，只有努力拼搏，笑到最后的人才是成功者。"

感悟淡泊：

浮躁使人的心态失衡，无法心平气和地对待自己的工作和生活。不浮躁的人面对崎岖险峻的山路却能燃起征服的欲望，面对美色横财才能坐怀不乱。

7.撑面子是一件非常辛苦的事

爱面子是人的一种无可厚非的正常心理，谁都想得到别人的认可，然而，人们通常在获得了一定的认可之后，还希望获得更多的认可，这样的人就很容易掉进爱慕虚荣的怪圈里。

林语堂先生曾经说过："中国民族的特征之一就是重人情，爱面子。"的确，要面子，是我们每个人从小就接受的教育，比如，长辈们总是不厌其烦地训示："别丢我们的脸！"这就使要面子的观念根植在我们的脑子里，仿佛面子才是我们最看重的。

俗话说，死要面子活受罪。谁都知道这个道理，但现实中却有许多人"明知故犯"，他们时刻注意自己的面子，时刻牢记千万不能失掉自己的面子，即使为此撑得多么辛苦，也在所不惜。

有一个人做生意失败了，但是他仍然极力维持原有的排场，唯恐别人看出他的失意。为了能重新站起来，他经常请人吃饭，拉拢关系。宴会时，他租用私家车去接宾客，并请了两个钟点工扮作女佣，佳肴一道道地端上，他以严厉的眼光制止自己久已不知肉味的孩子抢菜。虽然前一瓶酒尚未喝完，他已打开柜中最后一瓶XO。当那些心里有数的客人酒足饭饱告辞离去时，每一个人都热烈地致谢，并露出同情的目光，却没有一个主动提出帮助。

用钱买来的面子是华而不实的，让人一眼就能看穿这个人内心的贫乏。和这类人一样，许多爱慕虚荣的人，不过也是想借外表的华美来遮掩他们低劣的心理罢了。

在我们的生活领域，"死要面子活受罪"的行为并非个别现象。比如，有的人明明日子过得紧巴巴的，却硬要买高档的奢侈品；有的人本来没多大的能力，却四处吹嘘自己如何如何有能耐；有的人分明只有那么丁点儿文化，却装出一副学富五车、满腹经纶的模样；有的人只要让一步就能解决纠纷，因为抹不开面子，却非要大打出手，因一件鸡毛蒜皮的小事闹上法庭……

从心理学角度来看，好虚荣、要面子是攀比心理的伴生物。爱慕虚荣的人总是怀着一种不比别人差或超过别人的心理来显示自己的价值。其实，这种不务实际的想法，等于为自己设置了障碍。人各有所长，也各有所短。以己之短，追慕他人所长，常常力所不及。如果能够摒弃这种以虚假的幻象来掩盖自己的攀比心理，就会正确地认识自我，扬长避短，不再为自己不如别人而苦恼。我们只有具备了这种心态，才能彻底摆脱苦恼，潇洒面对人生。

其实，虚荣就像一个绮丽但虚幻的梦，当你在梦中的时候，仿佛拥有了许多；但当梦醒来的时候，你会发现原来什么也没有。因此，我们与其去拥抱一个空空的梦，还不如去把握一点实实在在的东西。

要知道，华丽的装饰只会使你陷入虚荣之中而无法自拔，而当你拥有充实的内心，愿意踏踏实实一步一个脚印地提升自身实力的时候，你就无须用假面具来撑面子。只用你真实的一面示人，就足以令人敬佩。所以，为了活得真实、轻松、自在，不妨淡泊一些，让我们把死要面子的虚荣心通通抛到九霄云外去吧！

感悟淡泊：

人各有所长，也各有所短。以己之短，追慕他人所长，常常力所不及。如果能够摒弃这种以虚假的幻象来掩盖自己的攀比心理，就会正确地认识自我，扬长避短，不再为自己不如别人而苦恼。我们只有具备了这种心态，才能彻底摆脱苦恼，潇洒面对人生。

淡

泊

卷八
少些自私多行善，要有爱

　　人立世的根本应该是爱的能力。一个人若能淡泊地活在世间，这个人一定是有恒久的爱的能力的。不懂得爱，心便是一块顽石，坚硬而冰冷，这样的人如何能感受到他人的爱与关怀呢？懂得爱的人，即使一点点拥有，也会让他倍感欣慰。所以，我们要培养人性光辉的爱，要培养"至爱""至情"的这一面。没有爱、不会爱的人是不会被人所接受的，而且，他也无法感受到来自别人的温暖。

1.做一个懂爱的人，有一颗会爱的心

人立世的根本应该是爱的能力。一个人若能淡泊地活在世间，这个人一定是有恒久的爱的能力的。不懂得爱，心便是一块顽石，坚硬而冰冷，这样的人如何能感受到他人的爱与关怀呢。懂得爱的人，即使一点点拥有，也会让他倍感欣慰。所以，我们要培养人性光辉的爱，要培养"至爱""至情"的这一面。没有爱、不会爱的人是不会被人所接受的，而且，他也无法感受到来自别人的温暖。

西洋流行乐巨星惠特尼·休斯顿多年前曾唱过一首冠军曲《I'm your baby tonight》（中文译为《亲爱的，今夜属于你》）。在忙碌的现代社会中，连夫妻间和亲子间都很难找到时间独处。其实，家人应多相聚，相聚时，希望每对夫妻都能对彼此说："亲爱的，今夜属于你，而且只属于你。"也希望每位子女都对父母说："I'm your baby tonight."

惠特尼·休斯顿不仅是伟大的歌手，在深刻地诠释爱情，她自身也有幸福的家庭，也很看重家人的相厮相守。反倒是强调家庭的中国人似乎忽略了家庭的团聚。

在忙碌成为社会流行病的今天，许多充满爱的行动都被挤出生活的安排了，那些有爱的事做起来似乎已经相当不容易了。抽时间陪陪老人，与兄弟姐妹多多聚聚，这样的事情变得越来越奢侈。现代人际关系的特色是：虽近实远，表面亲实际疏，言谈热内心冷。做人做到此种境地，生活也真的没有色彩了。

"本立而道生"，这个"本"便是人性中的爱，爱没了，还有什么道可言。实际上，一个真正懂得爱的人是会将他的爱心随时奉献出来的，这种爱其实并不需要特别针对任何人，只要成为充满爱的人即可——那必须成为你的品质，它与关系无关。

一个小男孩想去见见上帝，他知道要到达上帝居住的地方必须走很远的路，所以他在手提箱中装满了巧克力和六瓶水，踏上了旅程。

当他走过了三个街区，他看到一位老太太，她正坐在公园里全神贯注地盯着鸽子。小男孩挨着她坐下来，打开手提箱，拿出水正要喝，这时他注意到老太太看上去很饿，所以他给了她一块巧克力。她感激地接受了，微笑地望着他，她的笑是那么美，男孩想再看一次，因此他又给了她一瓶水，他再一次看到了她的微笑，男孩高兴极了。

他们整个下午都坐在那里，边吃边笑，但是从未有过一句对话。

这时天黑下来，男孩感到十分疲劳，他站起身来离开。但是没走几步，他返回来，跑回到老太太身边，紧紧拥抱了她一下，她给了他最美的一个微笑。

当男孩回到家推开门走向自己的房间时，他的母亲为他脸上洋溢着的快乐而惊奇。

她问他："今天干什么了，你这么高兴？"

他答道："我与上帝共进午餐了。"但在他母亲还未做出反应之前，他补充道："你知道吗？她给了我所见到过的最美好的微笑！"

与此同时，老太太也容光焕发地回到她的家。

她的儿子为她脸上安详平和的表情所惊异。他问："妈妈，你今天干什么了，这么高兴？"

她答道："我在公园里与上帝一起吃了巧克力。"在她儿子做出反应之前，她补充道，"你知道吗？他比我想象中要年轻得多。"

爱必须成为你的芬芳。对于花来说，不管是不是有人知道它，它都无所谓。即使在最遥远的喜马拉雅山上，虽说没有任何人在那儿走动，却仍然有千万朵的花绽放并将它们的芬芳散布出去。

感悟淡泊：

不懂得爱，心便是一块顽石，坚硬而冰冷，这样的人如何能感受到他人的爱与关怀呢？懂得爱的人，即使一点点拥有，也会让他倍感欣慰。所以，我们要培养人性光辉的爱，要培养"至爱""至情"的这一面。没有爱、不会爱的人是不会被人所接受的，而且，他也无法感受到来自别人的温暖。

2.当你缺少爱意，你将变得邪恶

从小父母老师就教育我们要做一个正直诚信之人，要有善心、孝心、良心，不要有害人之心、小人之心。但是，世界上总有那么一些人，缺少爱意，没有善意，只考虑自己，不顾及他人，怀着一颗恶心，用一双布满血丝的眼睛看着周围。

有两个重症病人，同住在一家医院的一间病房里。房间很小，只有一扇窗子可以看见外面的世界。其中一个人被允许每天下午坐在床上一个小时（有仪器从他的肺中抽取液体），他的床靠着窗；但另外一个人终日都得平躺在床上。

每到下午，那个人在特定时段内坐起的时候，他都会描绘窗外的景致给另一个人听。从窗口可以看到公园里的风景：那里有一个湖，湖内有鸭子和天鹅，孩子们在那儿撒面包片，放模型船，年轻的恋人在树下携手散步，人们在鲜花盛开、绿草如茵的地方玩乐嬉戏，后面一排树顶上则是美丽的天空。

另一个人倾听着，享受着每一分钟。"一个孩子差点跌到湖里，一个美丽的女孩穿着漂亮的夏装……"朋友的述说几乎使他感觉自己正在亲眼目睹外面发生的一切。

然而，在一个天气晴朗的午后，他心想：为什么睡在窗边的人可以独享美丽的景致呢？为什么我没有这样的机会？他觉得很不是滋味，他越这么想，就越想换位子，他感觉一定得换！有天夜里他盯着天花板瞧，另一个人忽然惊醒了，拼命地咳嗽，一直想用手按铃叫护士来。但这个人只是旁观而没有帮忙——尽管他感觉同伴的呼吸已经很困难了。第二天早上，护士来的时候那人已经死了，只能静静地抬走他的尸体。

过了一段时间后，这人问他是否能换到靠窗户的那张床上。他们答应了他，帮他换了位子，他觉得很舒服。他们走了以后，他用手肘撑起自己，吃力地向窗外望去，却吃惊地发现，窗外只有一堵空白的墙。

的确，当恶念占领了我们的心头时，我们只会步入生命的死胡同，永远得不到阳光与雨露的滋润。

从前，有两位很虔诚、很要好的教徒，他们决定一起到遥远的圣山朝圣。两人背上行囊，风尘仆仆地上路，发誓不到圣山绝不返家。

两位教徒走了两个多星期之后，遇见一位白发年长的圣者，圣者看到这两位教徒如此虔诚地千里迢迢要前往圣山朝圣十分感动，他告诉他们："这里距离圣山还有十天的路程，但是很遗憾，我在这十字路口就要和你们分手了，在分手前，我要送给你们一个礼物，这个礼物就是你们当中一个人先许愿，他的愿望一定会马上实现，而第二个人，就可以得到那愿望的两倍！"

此时，其中一个教徒心里一想：这太棒了，我已经知道我想要许什么愿，但我不要先讲，因为如果我先许愿，我就吃亏了，他就可以有双倍的礼物，不行！而另外一个教徒也自忖：我怎么可以先讲，让我的朋友获得加倍的礼物呢？于是，两位教徒就开始客气起来，"你先讲嘛！""你比较年长，你先许愿吧！""不，应该你先许愿！"两位教徒彼此推来推去，"客套地"推辞一番后，两人就开始不耐烦了，气氛也变了，"你干嘛？你先讲啊！""为什么我先讲？我才不要呢！"

两人推到最后，其中一人生气了，大声说道："喂，你真是个不识相、不知好歹的人，你再不许愿的话，我就把你的狗腿打断，把你掐死！"

另外一人一听，没有想到朋友竟然恐吓自己，于是想：你这么无情无义，我也不必对你太有情有义！我没办法得到的东西，你也休想得到！于是，这个教徒干脆把心一横，狠心地说道："好，我先许愿！我希望——我的一只眼睛瞎掉！"很快地，这位教徒的一只眼睛马上瞎掉了，而他的好朋友也立刻两只眼睛都瞎掉了！

原本，这是一件很好的事情，但是人的狭隘、贪念与嫉妒，左右了自己心中的情绪，所以使得"祝福"变成"诅咒"，"好友"变成"仇敌"，更是让原来可以"双赢"的事，变成两人瞎眼的"双输"的结局！

感悟淡泊：

许多人的路越走越狭隘，和自己邪恶的心有很大的关系。做个淡泊的人，养颗充满爱意的心，多一点分享的心态，我们就会看到更精彩的风景。

3.给予真的比接受更令人快乐

有的人信奉能得到多少就付出多少，不吃亏、不占便宜的理念；有的人想着"人人为我"，却不承诺"我为人人"；而有人却真实地感受到了真诚的给予所带来的快乐。海伦·凯勒曾说："任何人出于他的善良的心，说一句有益的话，发出一次愉快的笑或者为别人铲平粗糙不平的路，这样的人就会感到欢欣，这是他自身极其亲密的一部分，以至使他终身去追求这种欢欣。"

一个男子坐在一堆金子上，伸出双手，向每一个过路人乞讨着什么。

神走了过来，男子向他伸出双手。

"孩子，你已经拥有了这么多的金子，难道你还要乞求什么吗？"吕洞宾问。

"唉！虽然我拥有如此多的金子，但是我仍然不满足，我要乞求更多的金子，我还要乞求爱情、荣誉、成功。"男子说。

神从口袋里掏出他需要的爱情、荣誉和成功，送给了他。

一个月之后，神又从这里经过，那男子仍然坐在一堆黄金上，向路人伸着双手。

"孩子，你所求的都已经有了，难道你还不满足么？"

"唉！虽然我得到了那么多东西，但我还是不满足，我还需要更多的刺激。"男子说。神把他想要的刺激也给了他。

卷八
少些自私多行善，要有爱

一个月后，神又见那男子坐在那堆金子上，向路人伸着双手——尽管有爱情、荣誉、成功、快乐和刺激陪伴着他。

"孩子，你已经拥有了你想要的，难道你还乞求什么吗？"

"唉！尽管我已拥有了比别人多得多的东西，但是我仍然不能感到满足。老人家，请你把'满足'赐给我吧！"男子说。

神笑道："你需要满足吗？那么，请你从现在开始学着付出吧。"

神一个月后又从此地经过，只见这男子站在路边，他身边的金子已经所剩不多了，他正把它们施舍给路人。他把金子给了衣食无着的穷人，把爱情给了真正需要爱的人，把荣誉和成功给失败者，把快乐给了忧愁的人，把刺激送给了麻木冷漠的人。现在，他一无所有了。

看着人们接过他施舍的东西，满含感激而去，男子笑了。

"孩子，现在，你拥有满足了吗？"神问。

"拥有了！拥有了！"男子笑着说，"原来，满足藏在付出的怀抱里啊。当我一味乞求时，得到了这个，又想得到那个，永远不知什么叫满足。当我付出时，我为我自己人格的完美而自豪、满足，为我对别人有所帮助而感到由衷的高兴，为人们向我投来的感激的目光而快乐。"

的确，在生活中，从一个表情、一句问候、一个眼神、一件小事开始，学会付出，善意地看待这个世界，快乐就会时时与我们相伴。

一年的圣诞节，保罗的哥哥送给他一辆新车作为圣诞礼物。圣诞节的前一天，保罗从他的办公室出来时，看到街上有一个小男孩在他闪亮的新车旁走来走去，并不时触摸它，满脸羡慕的神情。

保罗饶有兴趣地看着这个小男孩。从他的衣着来看，他的家境显然不属于自己这个阶层。就在这时，小男孩抬起头，问道："先生，这是你的车吗？"

"是啊，"保罗说，"这是我哥哥送给我的圣诞礼物。"

小男孩睁大了眼睛："你是说，这是你哥哥给你的，而你不用花一分钱？"

保罗点点头。

小男孩说："哇！我希望……"

保罗原以为小男孩希望的是也能有一个这样的哥哥，但小男孩说出的却是："我希望自己也能当这样的哥哥。"

保罗深受感动地看着这个小男孩，然后问他："要不要坐我的新车去兜风？"小男孩惊喜万分地答应了。逛了一会儿之后，小男孩转身向保罗说："先生，能不能麻烦你把车开到我家门前？"

保罗微微一笑，他想他理解小男孩的想法：坐一辆大而漂亮的车子回家，在小朋友的面前是很神气的事。但他又想错了。

"麻烦你停在两个台阶那里，等我一下好吗？"小男孩跳下车，三步并作两步地跑上台阶，进入屋内。不一会儿他出来了，并带着一个显然是他弟弟的小孩。这个小孩因患小儿麻痹症而跛着一只脚。他把弟弟安置在下边的台阶上，紧靠着坐下，然后指着保罗的车子说："看见了吗？就像我在楼上跟你讲的一样，很漂亮对不对？这是他哥哥送给他的圣诞礼物，他不用花一分钱！将来有一天我也要送你一部和这一样的车子，这样你就可以看到我一直跟你讲的橱窗里那些好看的圣诞礼物了。"

保罗的眼睛湿润了，他走下车子，将小男孩的弟弟抱到车子前排的座位上。小男孩的眼睛里闪着喜悦的光芒，也爬了上来。于是三个人开始了一次令人难忘的假日之旅。

在这个圣诞节，保罗明白了一个道理：给予真的比接受更令人快乐。

学会付出是光辉灿烂人性的体现，同时也是一种处世智慧和快乐之道。说到底，拥有快乐其实很简单。对此，还是罗曼·罗兰说得精彩：快乐不能靠外来的物质和虚荣，而要靠自己内心的高贵和正直。

感悟淡泊：

即使我们拥有金钱、爱情、荣誉、成功和刺激，也许我们还不会有快乐。快乐是人生的至高追求，只有给予和付出才能实现这一追求。

4.淡化自我利益，付出是对自己最好的帮助

　　人的一生总会遇到无数次的抉择，当我们身处困境之时，当我们发现有人与我们同样需要帮助之时，我们是该选择助人还是自助？

　　多年以前，在荷兰的一个小渔村里，一个勇敢的少年以自己的实际行动使全世界的人们懂得了无私奉献的报偿。

　　由于全村的人都以打鱼为生，而海是瞬息万变、危机四伏的，因此，为了应对突发海难，自愿紧急救援队的建立就显得十分的重要。

　　那是一个漆黑的夜晚，海面上乌云翻滚、狂风怒吼，巨浪掀翻了一条渔船，船员的生命危在旦夕。他们发出了SOS求救信号，救援队的船长听到了警报，火速召集自愿紧急救援队的成员，乘着划艇，冲入了汹涌的海浪中。忧心忡忡的村民们都聚集在海边，翘首眺望着云谲波诡的海面，他们每人都举着一盏提灯，为救援队照亮返回的路。

　　一个小时之后，救援队的划艇终于冲破浓雾，乘风破浪，向岸边驶来。村民们喜出望外，欢呼着跑上前去迎接。当他们精疲力竭地跑到海滩后，却听到志愿救援队的队长宣布：由于救援船容量的限制，无法搭载所有遇险的人，无奈只得留下其中的一个人，否则救援船就会倾覆，那样所有的人都活不了。

　　刚才还欢欣鼓舞的人们顿时安静下来，才落下的心又悬到了嗓子眼儿，人们又陷入了慌乱与不安之中。这时，救援队队长开始组织另一批自愿救援者前去搭救那个最后留下来的人。16岁的汉斯自告奋勇地报了名。

他的母亲忙抓住了他的胳膊，用颤抖的声音说："汉斯，你不要去。你知道，十年前，你的父亲就是在海难中丧生的，而三个星期前你的哥哥保罗也出了海，可是到现在连一点消息也没有。孩子，你现在是我唯一的依靠了！求求你千万不要去！"

看着母亲那日见憔悴的面容和近乎乞求的眼神，汉斯心头一酸，泪水在眼中直打转，但是他强忍住没让它流下来。"妈妈，我必须去！"他坚定地答道，"妈妈您想想，如果我们每个人都说'我不能去，让别人去吧，那情况将会怎样呢？妈妈，您就让我去吧，这是我的责任。只要有人要求救援，我们就得竭尽全力。"汉斯张开双臂，紧紧地拥抱了一下他的母亲，然后义无反顾地登上了救援队的划艇，冲入无边无际的黑暗之中。十分钟过去了，二十分钟过去了……一小时过去了，这一个小时，对忧心忡忡的汉斯的母亲来说，真是太漫长了。终于，救援船再次冲破迷雾，出现在人们的视野中。只见汉斯正站在船头向岸上眺望。救援队长把手握成喇叭状，向汉斯高声喊道："汉斯，你找到留下来的那个人了吗？"

汉斯高兴地大声回答："我们找到他了，队长。请您告诉我妈妈，他就是我的哥哥——保罗！"

故事的结果当然是皆大欢喜的。但如果汉斯只顾自己，结果是什么大家都知道。汉斯在救他人之时，不会预见到最后的结局，他靠的只是心灵的选择。实际上，许多人现在之所以自私，就是因为太过于注重结局，而忽略了心灵的呼唤。

然而，我们在掂量着盈亏的砝码来衡量心灵的天平，最后才发现天道易变，人算不如天算，抱怨自己当初为何没对人施以援助之手。

淡泊的人生快乐多——人生诱惑太多，你要学会淡泊

一个贫穷的小男孩为了攒够学费正挨家挨户地推销商品。劳累了一整天的他此时感到十分饥饿，但摸遍全身，却没有钱。怎么办呢？他决定向下一户人家讨口饭吃。当一位美丽的女孩打开房门的时候，这个小男孩却有点不知所措了，他没有要饭，只乞求给他一口水喝。这位女孩看到他很饥饿的样子，就拿了一大杯牛奶给他。男孩慢慢地喝完牛奶，问道："我应该付多少钱？"年轻女孩回答道："一分钱也不用付，妈妈教导我们，施以爱心，不图回报。"男孩说："那么，就请接受我由衷的感谢吧！"说完，男孩离开了这户人家。此时，他不仅感到自己浑身是劲儿，而且看到上帝正朝他点头微笑。其实，男孩本来是打算退学的。

数年之后，那个年轻女孩得了一种罕见的重病，当地的医生对此束手无策。最后，她被转到大城市医治，由专家会诊治疗。当年的那个小男孩如今已是大名鼎鼎的霍华德·凯利医生了，他参与了医治方案的制订。当看到病历上所写的病人的地址时，一个奇怪的念头霎时间闪过他的脑际，他马上起身直奔病房。

来到病房，凯利医生一眼就认出床上躺着的病人就是那位曾帮助过他的恩人。他回到自己的办公室，决心一定要竭尽所能来治好恩人的病。从那天起，他就特别地关照这个病人。经过艰辛努力，手术成功了。凯利医生要求把医药费通知单送到他那里，在通知单上，他签了字。

当医药费通知单送到这位特殊的病人手中时，她不敢看，因为她确信，治病的费用将会花去她的全部家当。最后，她还是鼓起勇气，翻开了医药费通知单，旁边的那行小字引起了她的注意，她不禁轻声读了出来："医药费——满杯牛奶。霍华德·凯利医生。"

感悟淡泊：

帮助是一个美好的词，世间若缺少了这个词，人类的生活不知将会怎样冷漠，甚至不可能有连绵永续的生命存在。然而，我们大多数人不够淡泊，往往在掂量着盈亏的砝码来衡量心灵的天平，最后才发现天道易变，人算不如天算，抱怨自己当初为何没对人施以援助之手。所以，别只考虑自己的利益，一定要无私地伸出援手，或许哪一天，你就会因你的付出而得到别人的帮助。

淡

泊

5.做人别太功利，善意让你幸运

人皆善意，才能心胸豁达，无愧于他人，也无愧于自己。善意两个字很好写，也很好理解，可是，要付之于行动，可就不那么简单了。

在一个阴云密布的午后，大雨瞬间倾泻而下，行人纷纷逃进就近的店铺躲雨。这时，一位浑身湿淋淋的老妇，步履蹒跚地走进费城百货商店。看着她狼狈的样子和简朴的衣裙，售货员对她很冷淡。

这时，一个年轻人诚恳地对她说："夫人，我能为您做点什么吗？"

老妇笑了："不用了，我在这儿躲会儿雨，马上就走。"随即，老妇人又心神不定了。不买人家的东西，却借用人家的屋檐躲雨，太不近情理了。于是，她开始在百货店里转起来，哪怕买个头发上的小饰物，也能给自己躲雨找个光明正大的理由。

正当她两眼茫然时，那个小伙子又走过来说："夫人，您不必为难，我给您搬了一把椅子，放在门口，您坐着休息就是了。"

两个小时后，雨过天晴，老妇人向那个年轻人道了谢，并向他要了张名片，就颤巍巍地走了出去。

几个月后，费城百货公司的总经理詹姆斯收到一封信，写信人要求将这位年轻人派往苏格兰收取装潢一整座城堡的订单，并让他负责几个大公司下一季度办公用品的采购任务。詹姆斯震惊不已，匆匆一算，只这一封信带来的利益，就相当于他们公司两年的利润总和。

当他以最快的速度与写信人取得联系后，才知道这封信是一位老妇人

卷八

少些自私多行善，要有爱

写的，而她正是美国亿万富翁"钢铁大王"卡内基的母亲。

詹姆斯马上把这位叫菲利的年轻人推荐到公司董事会。毫无疑问，当菲利收拾好行李准备去苏格兰时，他已升为这家百货公司的合伙人了。那年，菲利22岁。随后的几年中，菲利以他一贯的踏实和诚恳，成为"钢铁大王"卡内基的左膀右臂，在事业上扶摇直上，成为美国钢铁工业仅次于卡内基的富可敌国的灵魂人物。菲利29岁时，已经为全美国近百家图书馆捐赠了800万美元的图书，他希望用知识和爱心帮助更多的年轻人走向成功。

一个人的成功，有时并不需要波涛汹涌式的艰难历程，伟大生活的基本准则都包含在最日常的言行之间。也许，一句亲切的话语、一个友善的致意或一项小小的援助计划，本身就蕴藏着成功的契机。因此，在生活中懂得处处为别人奉献爱心和真诚，不经意间你就会遭遇幸运之神。

杨二车娜姆是一个来自泸沽湖畔的摩梭乡下女孩，她甜美的歌声响彻全世界，被世人喻为中国的"夜莺"。她在事业上的起点，源于一个神秘老人的资助。

娜姆初到美国留学时，生活拮据。她白天学习音乐和英语，晚上就在一个小餐厅里当服务生。那天，一个面容憔悴、神情凄苦的老人，为躲避外面的狂风走进餐厅。大家都漠视他，甚至有人因为他的寒酸要赶他出门。只有娜姆动了恻隐之心，她知道有很多美国老人晚年都很孤独凄苦。于是，她搬了一把软椅让老人休息，并自掏腰包为他买了饮料。为了让老人开心，她还专门为他点唱了中国的民歌，并热情邀请他参加中国留学生的聚会。渐渐地，老人笑逐颜开了。

两个月后，这位老人交给娜姆一封信和一串钥匙，信里装着一张巨额支票，娜姆惊愕万分。信的内容如下：娜姆，我年轻的时候收养了三个越南孤儿，为此一直没有结婚。可当我含辛茹苦地教育他们长大成人自立后，他们却抛弃了我这个养父。我退休前在一家公司当工程师，有着丰厚的收入，但钱对我这个历尽沧桑、将要入土的老人毫无意义，我需要的是亲人的温暖和友谊。娜姆，只有你给过我这种金钱难买的情谊。现在，我已回到乡下落叶归根，我把这一生的积蓄和房子都留给你，用这些钱来实现你源于泸沽湖畔的音乐梦吧。

从此，老人音讯全无。娜姆心潮澎湃，感慨万千。

为了告慰老人，她用这笔钱做了一张风靡全球的中国民族音乐专辑，并开始致力于中外文化交流。仅是一次小小的善意举动，娜姆就改变了她的人生。

感悟淡泊：

对别人表达善意和真诚，并不需要我们为此付出很多、很昂贵的代价。伟大生活的基本准则都包含在最日常的言行之间，在一件小事上你付出善意，可能比你有意地彰显你是多仁慈更能带给你好运。

6.真正富足的是具有乐善好施精神的人

有一个守墓人，每个星期总会准时收到一封来信和50元买花的钱，信的署名为"可怜的老太"，托他每星期给她相依为命却睡到墓地里来的儿子哈里献上一束花。老实的守墓人每次收到信与钱，总会买束鲜花送到哈里墓前。

一天，"可怜的老太"终于露面了，她坐着小车来到墓地，却没有下车，派开车司机来请守墓人说："那位托你每星期给她儿子送花的妇人，请你到她那儿说几句话，因为她瘫痪了，行走不便。"

守墓人跟着司机来到那位"可怜的老太"面前，这是一位上了年纪、身体极差的老太太，高贵的脸上的表情掩饰不了她对生活的绝望和病痛留下的印记。

"我是那位寄信的老太太，"她断断续续地说，"这几年麻烦你了。"

"我每星期都按时送花。"守墓人说。

"谢谢你，"她接着说，"医生说我将不久于人世，死了倒也好，我活在世上对这个世界来说已无一点儿意义。只是，我惦记着将没人再给我儿子送花了。"

守墓人忽然问道："夫人，你去过孤儿院吗？那里的孩子都没有父母。"

"孤儿院？"

"夫人，恕我冒昧。"守墓人说，"在我这儿睡着的人，有哪个是活着的？与其把鲜花大把大把送给那些死去并不能体味生者痛苦与快乐的人，不如把买花的钱留给那些活着的人。"

"可怜的老太"听了守墓人的话，半天不言语，叫司机开车走了。

守墓人心想：对一个临死的孤寡老人，自己的话可能说过头了。

没想到过了几个月，那辆小车又载着"可怜的老太"来到墓地，这次开车的不是那个司机，而是"可怜的老太"自己。她兴高采烈地跳下车，神采奕奕地对守墓人说："嘿，你的建议创造了奇迹。我把钱全部交给了孤儿院，那里孤儿的快乐深深感动了我，让我觉得我还有些用处。更想不到的是，帮助他人得到的好处，竟是我的腿奇迹般地康复了。"

老太不再注重自己的痛苦，转而向别人施舍，她自己的人生也因此而发生了奇迹般的变化，真是"施比受更为有福"。

一位真正富足的人乃是具有乐善好施精神的人。不断施舍的人，是不会为个人的经济问题烦忧的，他一天到晚只想到别人，因乐于助人而获得心灵中无法形容的满足和快乐。所以具有此种思想和行动的人，还会为自己带来更健康的身体。因为他以财物滋润他人，自己的身心也就获得了快乐的滋润。

感悟淡泊：

中国人历来讲究死者为大，我们要尊重死者，怀念已逝的人，但怀念他们更好的方式并非为已逝的人花多少钱，倒不如将这种怀念和爱意转化为对生者的帮助和关爱。这使得你的爱能继续传承下去，滋润更多不幸的人，这样做的同时，你自己也会得到快乐的滋润。

7.给一颗种子比给一个果子更重要

圣诞节前夕，已经晚上11点多了，街上熙熙攘攘的人群稀疏了许多，偶尔还有匆匆忙忙往家赶的人，穿行在霓虹灯俯视下浓浓的节日氛围里。新的一年又要来了！

"感谢上帝，今天的生意真不错！"忙碌了一天的史密斯夫妇送走了最后一位来鞋店里购物的顾客后由衷地感叹道。透过通明的灯火，可以清晰地看到夫妻两人眉宇间那锁不住的激动与喜悦。是该打烊的时间了，史密斯夫人开始熟练地做着店内的清扫工作，史密斯先生则走向门口，准备去搬早晨卸下的门板。他突然在一个盛放着各式鞋子的玻璃橱窗前停了下来——透过玻璃，他发现了一双孩子的眼睛。

史密斯先生急忙走过去看个仔细：这是一个捡煤屑的穷小子，八九岁，衣衫褴褛且很单薄，冻得通红的脚上穿着一双极不合适的大鞋子，满是煤灰的鞋子上早已"千疮百孔"。他看到史密斯先生走近了自己，目光便从橱窗里做工精美的鞋子上移开，盯着这位鞋店老板，眼睛里饱含着一种莫名的希冀。史密斯先生俯下身来和蔼地搭讪道："圣诞快乐，我亲爱的孩子，请问我能帮你什么忙吗？"

男孩并不做声，眼睛又开始转向橱窗里擦拭得锃亮的鞋子，好半天才应道："我在乞求上帝赐给我一双合适的鞋子，先生，您能帮我把这个愿望转告给他吗？我会感谢您的！"

正在收拾东西的史密斯夫人这时也走了过来，她先是把这个孩子上下打量了一番，然后把丈夫拉到一边说："这孩子蛮可怜的，还是答应他的要求吧！"

史密斯先生却摇了摇头，态度坚决地说："不，他需要的不是一双鞋子，亲爱的，请你把橱窗里最好的棉袜拿来一双，然后再端来一盆温水，好吗？"

史密斯夫人满脸疑惑地走开了。

史密斯先生很快回到孩子身边，告诉男孩说："恭喜你，孩子，我已经把你的想法告诉了上帝，马上就会有答案了。"

孩子的脸上这时开始漾起兴奋的笑窝。

水端来了，史密斯先生搬了张小凳子示意孩子坐下，然后脱去男孩脚上那双布满尘垢的鞋子，他把男孩冻得发紫的双脚放进温水里，揉搓着，并语重心长地说："孩子呀，真对不起，你要一双鞋子的要求，上帝没有答应你。他说，不能给你一双鞋子，而应当给你一双袜子。"

男孩脸上的笑容突然僵住了，失望的眼神充满了不解。

史密斯先生急忙补充说："别急，孩子，你听我把话说完。我们每个人都会对心中的上帝有所乞求，但是，他不可能给予我们现成的好事，就像在我们生命的果园里，每个人都追求果实累累，但是上帝只能给我们一粒种子，只有把这粒种子播进土壤里，精心去呵护，它才能开出美丽的花朵，到了秋天才能收获丰硕的果实；也就像每个人都追求宝藏，但是上帝只能给我们一把铁锹或一张藏宝图，要想获得真正的宝藏还需要我们亲自去挖掘。关键是自己要坚信自己能办到，自信了，前途才会一片光明啊！就拿我来说吧，我在小时候也曾乞求上帝赐予我一家鞋店，可上帝只给了我一套做鞋的工具，但我始终相信拿着这套工具并好好利用它，就能获得一切。二十多年过去了，我做过擦鞋童、学徒、修鞋匠、皮鞋设计师……

现在，我不仅拥有了这条大街上最豪华的鞋店，而且拥有了一个美丽的妻子和幸福的家庭。孩子，你也是一样，只要你拿着这双袜子去寻找你梦想的鞋子，义无反顾，永不放弃，那么，肯定有一天，你也会成功的。另外，上帝还让我特别叮嘱你：他给你的东西比任何人都丰厚，只要你不怕失败，不怕付出！"

脚洗好了，男孩若有所悟地从史密斯夫妇手中接过"上帝"赐予他的袜子，像是接住了一份使命，迈出了店门。他向前走了几步，又回头望了望这家鞋店，史密斯夫妇正向他挥手："记住上帝的话，孩子！你会成功的，我们等着你的好消息！"

男孩一边点着头，一边迈着轻快的步子消失在夜的深处。

一晃三十多年过去了，又是一个圣诞节，年逾古稀的史密斯夫妇早晨一开门，就收到了一封陌生人的来信，信中写道：

尊敬的先生和夫人：

您还记得三十多年前圣诞节前夜那个捡煤屑的孩子吗？他当时乞求上帝赐予他一双鞋子，但是上帝没有给他鞋子，而是别有用心地送了他一番比黄金还贵重的话和一双袜子。正是这样一双袜子激活了他生命的自信与不屈！这样的帮助比任何同情的施舍都重要，给人一双袜子，让他自己去寻找梦想的鞋子，这是你们的伟大智慧。衷心地感谢你们，善良而智慧的先生和夫人，他拿着你们给的袜子已经找到了对他而言最宝贵的鞋子——他当上了美国第一位来自共和党的总统。

我就是那个穷小子。

信末的署名是"亚伯拉罕·林肯"！

感悟淡泊：

爱心不仅仅是物质的给予，更是精神的鼓励。有时候，撒播一粒爱的种子，比给予一个现成的果子更有力量，更有作用。

8.救人于危难之中，让你收获人缘和声誉

1973年，中东战争引发全球性石油危机，香港经济也受到严重冲击，尤其给塑胶行业带来了灾难性的影响。

香港的塑胶原料全部依赖进口，石油危机引发原料价格暴涨，从年初的每磅0.65港元，一路直线上升，到秋后竟高达每磅5港元。塑胶制造业一片恐慌，如临末日。有原料储备的厂家日子还相对好过一些，而不少厂家因原料储备不足，一时"无米下锅"，被迫停产，濒临倒闭。

香港的塑胶原料，全部被进口商垄断。其实，价格暴涨的根本原因，并不在石油危机本身，因为国外塑胶原料的出口离岸价只是略有上涨。原料价格急速上涨的真正原因，主要在于香港的进口商利用生产厂家因石油危机产生的恐慌心理，垄断原料，一致提价，再加上炒家的介入，使价格节节攀升，最终到了厂家难以接受的超高价位。

面对这场关系香港塑胶业生死存亡的危机，身为潮联塑胶业商会主席的李嘉诚毫不犹豫地挺身而出，主动挂帅拯救塑胶业。

其实，此时的李嘉诚已经把经营重点转移到了地产上，而且也收到了相当不错的效益。因此这次塑胶原料危机，对他的长江公司的整个事业来讲，影响不会太大。况且，长江公司本身就有充足的原料库存。李嘉诚之所以这样做，主要是出于公德心。他不能眼看着潮籍塑胶商们就这样毁于

一旦，更不愿整个香港塑胶业就此走向衰落。在李嘉诚的倡议下，数百家塑胶厂入股组建了联合塑胶原料公司，甚至有不少非潮籍塑胶商也主动加入进来。

要打破进口商的垄断，就只有厂家自己直接从国外进口原料。但单个塑胶厂家由于购货量太小，国外原料商不愿意进行交易。现在由联合塑胶原料公司出面向国外原料商进货，需求量比进口商还大，因此很快便达成了交易，从国外购进了相对便宜的塑胶原料。

购进原料后，再由商会出面协调，按实价分配给各股东厂家。在厂家联盟面前，进口商对原料的垄断不攻自破，不得不自动将价格降了下来。

这样，笼罩全港塑胶业两年之久的原料危机，在李嘉诚的鼎力相助之下，终于烟消云散了。

李嘉诚在这次救业大行动中，还有一个惊人之举。他将长江公司的库存原料匀出了1243万磅，以低于市场价一半的价格救援停工待料的会员厂家。在直接购入国外厂商的原料后，他又把长江公司本身的配额20万磅，以购入价格转让给了需要量相对较大的厂家。

在危难之中，受李嘉诚帮助的厂家多达数百家。李嘉诚此举真可谓雨中送伞、雪中送炭，他因此也被人们称为香港塑胶业的"救世主"。

李嘉诚扶危济困的义举，为他树立起了崇高的商业形象，他的信誉和声望义薄云天，而这种信誉和声望又回馈了他无穷无尽的生意和财富。

感悟淡泊：

当业中同行需要你施以援手，而你又有能力时，鼎力相助才是智者所为。落井下石，踩沉对方，的确可以少一个竞争对手，但切不可忘记，就算你真的扼杀了对方，总会有新的竞争对手崛起。一个人是不可能永远独霸一个行业的。而救人于危难之中，不但可以赢得人缘和声誉，你的形象也会成为另外一笔宝贵的财富，让你受用无穷。

淡

泊